2023 年山西省教学改革创新项目（项目编号：J20231491）

临界点理论与差分方程边值问题

王振国◎著

吉林大学出版社

·长春·

图书在版编目（CIP）数据

临界点理论与差分方程边值问题 / 王振国著 . -- 长春 : 吉林大学出版社 , 2023.12

ISBN 978-7-5768-3165-8

Ⅰ . ①临… Ⅱ . ①王… Ⅲ . ①临界点②差分方程－边值问题 Ⅳ . ① O176.3 ② O241.3

中国国家版本馆 CIP 数据核字 (2024) 第 093368 号

书　　名	临界点理论与差分方程边值问题 LINJIEDIAN LILUN YU CHAFEN FANGCHENG BIANZHI WENTI
作　　者	王振国　著
策划编辑	殷丽爽
责任编辑	殷丽爽
责任校对	李　莹
装帧设计	守正文化
出版发行	吉林大学出版社
社　　址	长春市人民大街 4059 号
邮政编码	130021
发行电话	0431-89580036/58
网　　址	http://www.jlup.com.cn
电子邮箱	jldxcbs@ sina. com
印　　刷	天津和萱印刷有限公司
开　　本	787mm × 1092mm　1/16
印　　张	8.75
字　　数	150 千字
版　　次	2025 年 1 月　第 1 版
印　　次	2025 年 1 月　第 1 次
书　　号	ISBN 978-7-5768-3165-8
定　　价	72. 00 元

前言

非线性差分方程作为一种离散数学模型，在诸如计算机科学、经济学、神经网络、生态学和控制论等多个学科中扮演着至关重要的角色。近些年，关于差分方程定性性质的研究成果已经在大量文献中得到了深入的探讨和详尽的阐述。这些研究涉及了差分方程众多不同的问题，其中包括稳定性、吸引性、振动性及边值问题等。这些研究的成果不仅为我们提供了对于非线性差分方程行为的深刻理解，也为各个领域内相关问题的解决提供了重要线索。通过对差分方程的定性性质进行研究，我们能够更好地理解系统在离散状态下的演化规律，从而在实践中应用这些知识来解决具体问题。

然而，关于差分方程周期解、正解和同宿解等的研究成果相对较少。这主要是因为处理离散系统周期解等各种形式解的存在性问题缺乏必要的技巧与方法。与此同时，在差分方程理论的研究中，已有许多学者运用了不同的方法深入广泛地探讨和了解了存在性与多重性问题。这些方法主要包括 Kaplan-Yorke 耦合系统法、临界点理论（包括极小极大理论、几何指标理论与 Morse 理论）及重合度理论等。在这些方法中，临界点理论已经被证明是处理这类问题的一个强大工具。

本书主要围绕临界点理论与差分方程边值问题展开研究。本书共六章。第 1 章为绪论，依次介绍了研究背景和现状概况、预备知识两方面的内容；第 2 章为具有共振的二阶差分方程边值问题，主要介绍了非线性项为次线性和超线性情形下解的存在性；第 3 章为差分边值问题的多解存在性，依次介绍了具有超前滞后项的二阶拉普拉斯算子差分方程的边值问题、依赖参数的 $2n$ 阶差分方程边值问题多个非平凡解的存在性两方面的内容，与此同时还介绍了 Kirchhoff 型边值问题无穷小正解和无穷大正解的存在性；第 4 章为具有曲率算子的差分方程的周期解和正解，主要介绍了两方面的内容，分别为具有曲率算子的周期差分方程的周期解、具有曲率算子的差分方程的正解；第 5 章为具有周期系数的非线性差分方程同宿解，依次介绍了具有周期系数的 Kirchhoff 型差分方程的同宿解、具有周期系数的离散非线性薛定谔方程同宿解两方面的内容；第 6 章为非周期系数的差分方程同宿解，主要介绍了两方面的内容，分别为具有无界势能的 Kirchhoff 型差分方程多个同宿解的存在性、具有共振的薛定谔方程同宿解两方面的内容。

在撰写本书的过程中，作者参考了大量的学术文献，得到了许多专家学者的帮助，在此表示真诚感谢。本书内容系统全面，论述条理清晰、深入浅出，但由于作者水平有限，书中难免有疏漏之处，希望广大同行及时指正。

王振国

2023 年 8 月

目　录

第 1 章　绪论

1.1　研究背景和现状概况

在物理和社会科学中，许多问题都是可以归纳为寻求某个泛函在一定条件下的极值问题或临界点问题，例如徒步穿越山脉的人面临着穿越过程中哪条路程最短？最速降线问题和牛顿的水桶问题，这些问题都可以看成变分问题，专门研究变分问题的理论被称为变分法或临界点理论．近 30 多年来，随着非线性分析学、拓扑学、群论等数学分支的不断发展，临界点理论得到了重大的发展，它们为解决各种非线性数学问题提供了一个强有力的理论工具，最常见的研究方法是用直接法、Ekeland 变分原理、山路引理、鞍点定理、几何指标理论与 Morse 理论等找到泛函临界点，这些方法最初开始主要用于处理偏微分方程或常微分方程 [1-4].

在自动控制、物理学、计算机科学、动力系统、经济学、生物学等众多领域中，我们模拟某些现象时所建立的模型是离散的，我们发现有些连续问题通过离散化更容易解决，这就促使了离散问题的研究，尤其是现代的多学科融合，使得众多的自然科学之间进一步相互渗透，迫使差分方程理论不断地得到发展与完善 [5-10].

差分方程解的存在性或多解问题是差分方程研究中一个重要的数学问题 [11-14]. 2003 年，郭志明和庚建设 [10] 首次利用变分法（环绕定理）研究如下非线性差分方程周期解、次调和解的存在性：

$$\Delta^2 u(k-1)+f(k,u(k))=0,k\in\mathbb{Z}, \tag{1-1}$$

其中，对任意的 $k\in\mathbb{Z}$，$f(k,\cdot)\in C(\mathbb{R},\mathbb{R})$，且 $f(k,\cdot)=f(k+m,\cdot)$，m 是正整数．

此后，许多学者投入对差分方程的研究，他们运用变分的方法研究大量的差分方程问题的多解存在性、正解、同宿解、基态解等许多有意思的课题 .

临界点理论和 Morse 理论更多地是被用来处理共振问题的，共振是一种自然现象，它的物理定义是系统受外界影响做强迫振动，当外界刺激的频率接近于系统某阶固有频率时，系统的振幅显著增大 . 例如：乐器的音响共振可以产生动听的声乐，人的大脑进行思维活动时产生的脑电波也会发生共振现象，但并不是所有的共振都是有利的，在工程上共振可以引起机械结构很大的变形，这会给人类带来危害 . 因此，我们研究具有共振的差分方程是有理论意义和经济价值的 . 我们将在第 2 章进一步深入研究具有共振的差分边值问题 .

对于含参数的差分方程解的存在性研究，也是差分方程研究的重点问题 . 在第 3 章中，我们考虑非线性项为超前滞后的情形下多解问题，带有超前滞后项的差分系统在电动力学、生物学、弦中粒子的振动等方面有着广泛的研究 [15]. 尽管许多关于差分方程周期解的存在性已经得到了很好的成果，但研究曲率算子的差分边值问题的周期解和正解的文献较少，我们将在第 4 章中进一步研究具有曲率算子的差分方程的周期解问题 .

找极大、极小点的另一种办法是构造环绕结构，一般找临界点的方法是在实 Banach 空间 E 中找出一个序列 $\{\boldsymbol{u}_k\}$ 使得

$$G(\boldsymbol{u}_k)\to c, G'(\boldsymbol{u}_k)\to 0. \tag{1-2}$$

一个满足上式的序列 $\{\boldsymbol{u}_k\}$ 叫作 Palais-Smale（P.S.）序列 . 如果每个这样的序列有一个收敛的子列，那么我们获得一个方程：

$$G(u)=c, G'(u)=0 \tag{1-3}$$

的解，这种情形下称泛函是满足 P.S. 条件的，显然是泛函的临界点，事实上，我们也可以找一些其他的令人满意的序列，同样可以研究临界点问题 .

例如：

$$G(u_k)\to c, -\infty\leqslant c\leqslant +\infty, G'(\boldsymbol{u}_k)=o\left(\|\boldsymbol{u}_k\|^{\gamma}+1\right), \gamma\geqslant 0. \tag{1-4}$$

虽然这样的序列不是 P.S. 序列，但只要它有收敛的子列，它仍然可以引导出（1-3）的一个解，（1-4）的假设不像（1-2）的那么强，在很多应用中得到（1-4）

的一个收敛子序列并不困难，甚至比证明（1-2）存在收敛子列要容易．

（1-2）的序列这个概念源于这样一个事实：对于实 Banach 空间，若存在子集 A 和 B，使得对于 E 上的每一个 C^1 泛函 G 都满足

$$\sup_A G \leqslant \inf_B G, \tag{1-5}$$

那么泛函 G 有满足（1-2）的 P.S. 序列，如果能找到这样的集合，那么这个理论就能给出一个满足（1-2）的序列，然后验证 P.S. 条件．一般的环绕如果也有（1-5）成立，同样有一个满足（1-2）的序列，山路引理和鞍点定理实际上都是特殊的环绕结构．

借助于这样的数学想法，我们在第 5、第 6 章中研究非线性薛定谔方程的同宿解的存在性．

1.2　预备知识

为了方便读者阅读，首先我们给出研究问题所需的一些符号：

$\mathbb{Z}$ 表示整数集；

$\mathbb{R}$ 表示实数集；

$\mathbb{N}$ 表示正整数集；

设 $a,b\in\mathbb{Z},\mathbb{Z}(a)=\{a,a+1,\cdots\},\mathbb{Z}(a,b)=\{a,a+1,\cdots,b\},(a\leqslant b)$；

Δ 表示向前差分算子，定义为 $\Delta u(k)=u(k+1)-u(k)$.

考虑到后面研究内容的需要，下面介绍一些书中涉及的基本概念，这些概念对理解后面章节非常重要，更多有关差分方程或临界点理论方面的知识和理论可见文献 [4]、[16].

定义 1.2.1[1]**：**

假设 X,Y 是实线性赋范空间，U 是 X 中的开集，称映射 $f:U\to Y$ 在 $x_0\in U$ 是 Frećhet 可微的，如果存在有界线性算子 $A\in L(X,Y)$，使得当 $h\in X, x_0+h\in U$ 有

$$f(x_0+h)-f(x_0)=Ah+\omega(x_0,h),$$

其中

$$\omega(x_0,h)=o(\|h\|),$$

即

$$\lim_{\|h\|\to 0}\frac{\|\omega(x_0,h)\|}{\|h\|}=0.$$

这时，称A为f在x_0处的 Fréchet 算子，记为 $\mathrm{d}f(x_0)$，或者$f'(x_0)$.

定义 1.2.2[1]**：**

设E是实 Banach 空间，U是E中的开集，映射$f:U\to\mathbb{R}$在U上是 Fréchet 可微的，若$x_0\in U$时，使得$f'(x_0)=0$，这时，称x_0是泛函f的一个临界点 . 进一步，如果$f(x_0)=c$，称x_0是泛函f在c水平上的一个临界点 .

定义 1.2.3[2]**：**

设E是实 Banach 空间，$f:E\to\mathbb{R}$是C^1泛函 . 如果$\{u_n\}\subset E,\{f(u_n)\}$有界，$f'(u_n)\to 0(n\to\infty)$蕴含$\{u_n\}$有收敛子列，则称泛函$f$满足 P.S. 条件 .

设E是实 Banach 空间，$J\in C^1(E,\mathbb{R})$，对$c\in\mathbb{R}$，我们给出记号

$$J^c=\{u\in E:J(u)\leqslant c\},\mathcal{K}=\{u\in E:J'(u)=0\}$$

和

$$\mathcal{K}_c=\{u\in\mathcal{K}:J(u)=c\}\ .$$

在 Morse 理论中，我们一直要求泛函J满足形变条件（简称(D)条件），所以我们引入形变定义 .

定义 1.2.4[17]**：**

设E是实 Banach 空间，泛函$J\in C^1(E,\mathbb{R})$. 如果对任意$\bar{\varepsilon}>0$和$\mathcal{K}_c$的任意领域$\mathcal{N}$，存在$\varepsilon\in(0,\bar{\varepsilon})$和一个连续映射$\eta:E\times[0,1]\to E$使得：

（1）$\eta(u,0)=u,\forall u\in E$；

（2）$\eta(u,t)=u,\forall u\notin J^{-1}([c-\bar{\varepsilon},c+\bar{\varepsilon}])$；

（3）当$s\geqslant t$时，$J(\eta(u,s))\leqslant J(\eta(u,t))$；

（4）$\eta(J^{c+\varepsilon}\setminus\mathcal{N},1)\subset J^{c-\varepsilon}$.

则称 J 在水平 c 处满足形变条件，记作 J 满足 (D_c) 条件．如果对任意 $c\in\mathbb{R}$，J 满足 (D_c) 条件，则称 J 满足 (D) 条件．

Bartolo，Benci 和 Fortunato 在文献 [18] 中证明如果泛函 J 满足 P.S. 条件，则 J 一定满足 (D) 条件．

定义 1.2.5[2，16]：

设 $u_0\in\mathcal{K}$ 为 J 的一个孤立临界点，$J(u_0)=c\in\mathbb{R}$，U 是 u_0 的邻域，使得 u_0 是 J 在 U 中唯一的临界点，我们称

$$C_q(J,u_0)=H_q(J^c\cap U,J^c\cap U\setminus u_0),q\in\mathbb{Z}$$

是 J 在 u_0 处的 q 阶临界群，这里 $H_q(\cdot,\cdot)$ 表示 q 阶相对奇异同调群，其中系数域为 $\mathbb{Z}$．

如果 J 在 u_0 处的临界群有一个是非平凡的，我们称 u_0 是 J 的同调非平凡临界点．

引理 1.2.1[16]：

设泛函 $J\in C^1(E,\mathbb{R})$ 满足 P.S. 条件，c 是一个孤立的临界值且 $\mathcal{K}_c=\{u\in\mathcal{K}:J(u)=c\}=\{u_j\}_1^m$ 是有限集，则对充分小 $\varepsilon>0$，有

$$H_q(J_{c+\varepsilon},J_{c-\varepsilon})\cong H_q(J_c,J_c\setminus\mathcal{K}_c)\cong\bigoplus_{j=1}^{m}C_q(J,u_j),q\in\mathbb{Z}.$$

泛函 J 在无穷远处的临界群定义如下。

定义 1.2.6[19]：

设 $J(\mathcal{K})$ 下方有界，对某一个 $\alpha\in\mathbb{R}$，$\alpha<\inf J(\mathcal{K})$，$J$ 满足 P.S. 条件，我们称

$$C_q(J,\infty)=H_q(E,J^\alpha),q\in\mathbb{Z}$$

是 J 在无穷远处的 q 阶临界群，由形变的性质，$C_q(J,\infty)$ 与 α 的选取无关．

设泛函 $J \in C^1(E,\mathbb{R})$ 且满足 P.S. 条件，$\#\mathcal{K} < \infty$，则泛函 J 的临界点都是孤立的，空间对 (E, J^α) 的 Morse 型数定义为

$$M_q = M_q(E, J^\alpha) = \sum_{u \in \mathcal{K}} dim C_q(J,u), q \in \mathbb{Z}.$$

空间对 (E, J^α) 的 Betti 型数定义为

$$\beta_q = dim C_q(J,\infty), q \in \mathbb{Z}.$$

由 Morse 理论[2, 16]，这两种型数的关系如下：

$$\sum_{j=0}^{q} (-1)^{q-j} M_j \geqslant \sum_{j=0}^{q} (-1)^{q-j} \beta_j, \forall q \in \mathbb{Z}, \tag{1-6}$$

$$\sum_{q=0}^{\infty} (-1)^q M_q = \sum_{q=0}^{\infty} (-1)^q \beta_q \tag{1-7}$$

分别称为 Morse 不等式和 Morse 等式，从 Morse 不等式（1-6）可知，对任意的 $q \in \mathbb{Z}$，有 $M_q \geqslant \beta_q$．因此，当 J 满足 P.S. 条件且对某个 $q \in \mathbb{Z}$ 有 $\beta_q \neq 0$ 时，J 必定有一个临界点 u_0 使得 $C_q(J,u_0) \ncong 0$；如果 J 仅有一个临界点 u_0，那么 $C_q(J,\infty) \cong C_q(J,u_0)$，$\forall q \in \mathbb{Z}$．如果存在某个 q 使得 $C_q(J,\infty) \ncong C_q(J,u_0)$，那么 J 一定有另一个临界点 $u_1 \neq u_0$，进一步，若 u, v 是泛函 J 的两个临界点，对某个 q 有 $C_q(J,u) \ncong C_q(J,v)$，则 $u \neq v$．

下面是一些本书中要用到的临界群计算结果．

例子 1.2.1：

设 $J \in C^1(E,\mathbb{R})$，u_0 是 J 的一个孤立局部极小点，则

$$C_q(J,u_0) \cong \begin{cases} \mathbb{Z}, & q = 0, \\ 0, & q \neq 0. \end{cases} \tag{1-8}$$

例子 1.2.2：

设 $J \in C^1(E,\mathbb{R})$ 且 $\dim E = m < +\infty$，u_0 是 J 的一个孤立局部极大点，则

$$C_q(J,u_0) \cong \begin{cases} \mathbb{Z}, & q = m, \\ 0, & q \neq m. \end{cases} \tag{1-9}$$

下面给出同宿解的定义 .

定义 1.2.7：[19]

设 $\bar{u}=\{\bar{u}_n : n\in\mathbb{Z}\}$ 是离散系统的一个解，我们称 u 是关于 $\bar{u}$ 的同宿解，如果 $|u_n-\bar{u}_n|\to 0$ ，$|n|\to\infty$ ，若存在某个 $n_0\in\mathbb{Z}$ 使得 $u_{n_0}\neq 0$ ，那么称 u 是非平凡的同宿解 .

参考文献：

[1] 郭大钧 . 非线性泛函分析 [M]. 北京：高等教育出版社，2015.

[2]Mawhin J，Willem M.Critical Point Theory and Hamiltonian Systems[M].New York：Springer，1989.

[3]Papageorgiou N S.Nonsmooth Critical Point Theory and Nonlinear Boundary Value Problems[M].London：Chapman and Hall/CRC，2005.

[4] 张恭庆 . 临界点理论及其应用 [M]. 上海：上海科学技术出版社，1986.

[5]Agarwal R P，O'Regan D.Boundary value problems for discrete equations[J]. Applied Mathematics Letters，1997，10（4）：83-89.

[6]Bonanno G，Candito P.Nonlinear difference equations investigated via critical point methods[J].nonlinear analysis theory methods and applications，2009，70（9）：3180-3186.

[7]Bonanno G，Candito P.Variational methods on finite dimensional Banach space and discrete problems[J].Advanced Nonlinear Studies，2014，14（4）：915-939.

[8]Bonanno G，Candito P，D' AguìG.Positive solutions for a nonlinear parameter-depending algebraic system[J].Electronic Journal of Differential Equations，2015，2015（17）：1-14.

[9]Galewski M，Smejda J.On variational methods for nonlinear difference equations[J].Journal of Computational and Applied Mathematics，2010，233（11）：2985-2993.

[10]Guo Z M，Yu J S.Existence of periodic and subharmonic solutions for second-order superlinear difference equtions[J].Science China Mathematics，2003，46：506-515.

[11]Karaca I Y.Discrete third-order three-point boundary value problem[J].Journal of Computational and Applied Mathematics, 2007, 205(1): 458–468.

[12]Li Y K, Lu L H.Existence of positive solutions of $p-$ Laplacian difference equations[J].Applied Mathematics Letters, 2006,19: 1019–1023.

[13]Wang D, Guan W.Three positive solutions of boundary value problems for p -Laplacian difference equations[J].Computers and Mathematics with Applications, 2008, 55 (9): 1943–1949.

[14]Zhang B, Kong L J, Sun Y J, Deng X H.Existence of positive solutions for BVPs of fourth-order difference equations[J].Applied Mathematics and Computation, 2002, 131: 583–591.

[15]Agarwal R P.Difference Equations and Inequalities.Theory, Methods, and Applications[M].New York-Basel: Marcel Dekker, Inc., 2000.

[16]Chang K C.Infinite Dimensional Morse Theory and Multiple Solution Problems[M].Boston: Birkhäuser, 1993.

[17]Bartsch T, Li S J.Critical point theory for asymptotically quadratic functionals and applications to problems with resonance[J].Nonlinear Analysis.Theory, Methods and Applications, 1997, 28: 419-441.

[18]Bartolo P, Benci V, Fortunato D.Abstract critical point theorems and applications to nonlinear problems with strong resonance at infinity[J].Nonlinear Analysis.Theory, Methods and Applications, 1983, 7: 981-1012.

[19]Zhang Q Q.Homoclinic orbits for discrete Hamiltonian systems with indefnite linear part[J].Communications on Pure and Applied Analysis, 2017, 14 (5): 1929-1940.

第 2 章　具有共振的二阶差分方程边值问题

在这一章中，我们考虑了如下二阶差分方程边值问题 [1]：

$$\begin{cases}\Delta[p(k)\Delta u(k-1)]+q(k)u(k)+f(k,u(k))=0, k\in\mathbb{Z}(1,T),\\ u(0)=u(T+1)=0,\end{cases} \tag{2-1}$$

其中，T 是正整数；$p(k)$，$q(k)$ 是定义在 $\mathbb{Z}$ 上的实值函数 . $p(k)\neq 0$，对任一 $k\in\mathbb{Z}(1,T)$，$f(k,\cdot)\in C^1(\mathbb{R},\mathbb{R})$ 且满足 $f\left(k,0\right)=0$，显然，问题（2-1）有一个平凡解 $u=0$.

上述边值问题广泛地应用于天体物理学、气体动力学和化学反应系统等自然科学问题，事实上，边值问题（2-1）可以看作下面微分方程边值问题的离散化：

$$\left(p(t)u'(t)\right)'+q(t)u(t)+f(t,u(t))=0, 0<t<1, u(0)=u(1)=0.$$

众所周知，在现实的自然界中，共振现象是存在的 . 事实上，具有共振项的边值问题研究起来更困难，这是因为共振能改变临界点的局部性质，这使得问题变复杂多了 . 在本章中，当边值问题（2-1）的非线性项是共振的时候，借助于对称矩阵的谱和非线性项的相互关系，我们解决了问题（2-1）的非平凡解的存在性和多解性 .

2.1　预备工作

我们考虑 T 维实 Banach 空间：

$$S=\{u:\mathbb{Z}(0,T+1)\to\mathbb{R}\text{使得}u(0)=u(T+1)=0\}.$$

显然 S 是一个 Hilbert 空间，我们可以定义内积

$$\langle \boldsymbol{u},\boldsymbol{v}\rangle=\sum_{k=1}^{T}u(k)v(k),\forall \boldsymbol{u},\boldsymbol{v}\in S, \tag{2-2}$$

诱导范数为

$$\|\boldsymbol{u}\|=\sqrt{\langle \boldsymbol{u},\boldsymbol{u}\rangle}=\left(\sum_{k=1}^{T}|u(k)|^{2}\right)^{\frac{1}{2}}. \tag{2-3}$$

现在，我们定义空间 S 上的 C^1 泛函 J 如下：

$$J(\boldsymbol{u})=\sum_{k=1}^{T+1}\frac{1}{2}\Big(p(k)\big(\Delta u(k-1)\big)^{2}-q(k)u^{2}(k)\Big)-\sum_{k=1}^{T}F(k,u(k))$$

其中，$\boldsymbol{u}\in S$，对任意的

$$(k,t)\in\mathbb{Z}(1,T)\times\mathbb{R}，\quad F(k,t)=\int_{0}^{t}f(k,s)ds\ .$$

对任意的 $\boldsymbol{u},\boldsymbol{v}\in S$，计算泛函 $J(\boldsymbol{u})$ 的 Frećhet 导数，得

$$\langle J'(\boldsymbol{u}),\boldsymbol{v}\rangle=\sum_{k=1}^{T+1}\big(p(k)\Delta u(k-1)\Delta v(k-1)-q(k)u(k)v(k)-f(k,u(k))v(k)\big)$$
$$=-\sum_{k=1}^{T}\big(\Delta(p(k)\Delta u(k-1))+q(k)u(k)+f(k,u(k))\big)v(k).$$

众所周知，泛函 $J(\boldsymbol{u})$ 在 S 上的临界点即为边值问题（2-1）的解 .

为了研究方便，我们将 $\boldsymbol{u}\in S$ 看作 $\boldsymbol{u}=(u(1),u(2),\cdots,u(T))\in\mathbb{R}^{T}$. 因此，泛函 $J(\boldsymbol{u})$ 和它的导数 $\langle J'(\boldsymbol{u}),\boldsymbol{v}\rangle$ 可记为

$$J(\boldsymbol{u})=\frac{1}{2}\boldsymbol{u}^{T}(\boldsymbol{P}+\boldsymbol{Q})\boldsymbol{u}-\sum_{k=1}^{T}F(k,u(k)),$$

$$\langle J'(\boldsymbol{u}),\boldsymbol{v}\rangle=\boldsymbol{u}^{T}(\boldsymbol{P}+\boldsymbol{Q})v-\sum_{k=1}^{T}f(k,u(k))v(k),$$

进一步，计算二阶 Frećhet 导数：

$$\langle J''(\boldsymbol{u})\boldsymbol{v},\boldsymbol{w}\rangle=w^{\mathrm{T}}(\boldsymbol{P}+\boldsymbol{Q})\boldsymbol{v}-\sum_{k=1}^{T}f'(k,u(k))v(k)w(k),$$

其中，$\boldsymbol{u}^{\mathrm{T}}$ 表示 $\boldsymbol{u}$ 的转置，$\boldsymbol{P}$ 和 $\boldsymbol{Q}$ 是 $T\times T$ 对称矩阵 .

$$
\boldsymbol{P}=\begin{pmatrix}
p(1)+p(2) & -p(2) & 0 & \cdots & 0 & 0\\
-p(2) & p(2)+p(3) & -p(3) & \cdots & 0 & 0\\
0 & -p(3) & p(3)+p(4) & \cdots & 0 & 0\\
\vdots & \vdots & \vdots & & \vdots & \vdots\\
0 & 0 & 0 & \cdots & p(T-1)+p(T) & -p(T)\\
0 & 0 & 0 & \cdots & -p(T) & p(T)+p(T+1)
\end{pmatrix},
$$

$$
\boldsymbol{Q}=\begin{pmatrix}
-q(1) & 0 & 0 & \cdots & 0 & 0\\
0 & -q(2) & 0 & \cdots & 0 & 0\\
0 & 0 & -q(3) & \cdots & 0 & 0\\
\vdots & \vdots & \vdots & & \vdots & \vdots\\
0 & 0 & 0 & \cdots & -q(T-1) & 0\\
0 & 0 & 0 & \cdots & 0 & -q(T)
\end{pmatrix}
$$

引理 2.1.1[2]**：**

设 E 是实 Banach 空间，$J\in C^1(E,\mathbb{R})$ 满足 (D) 条件并且有下界 . 如果 J 有一个同调非平凡的临界点并且该临界点不是局部极小的，则 J 有至少三个临界点 .

显然，在运用本引理时，我们关键是要证明 J 有一个同调非平凡的临界点并且该临界点不是局部极小的 .

引理 2.1.2[2，3]**：**

假设 $u=0$ 是 J 的一个临界点且 $J(0)=0$，设 J 在 0 处具有局部环绕，即对应于直和分解 $E=V\bigoplus W$，存在充分小的 $\gamma>0$ 使得

$$
J(\boldsymbol{u})\leqslant 0,\boldsymbol{u}\in V,\|\boldsymbol{u}\|\leqslant\gamma,
$$
$$
J(\boldsymbol{u})>0,\boldsymbol{u}\in W,0<\|\boldsymbol{u}\|\leqslant\gamma.
$$

那么 $C_h(J,0)\ncong 0$，其中，$h=\dim V<\infty$.

我们注意到上述引理中对于泛函 $J\in C^1(E,\mathbb{R})$ 也是成立的，在大多数应用中，子空间 V 的维数 $h=\mu(0)$ 或者 $h=\mu(0)+\nu(0)$，这里，$\mu(0)$ 和 $\nu(0)$ 分别表示临界点 $\boldsymbol{u}=0$ 的 Morse 指标和零度，因此，由上面的引理诱导出一个重要结果 .

引理 2.1.3：

设 $J\in C^2(E,\mathbb{R})$，泛函 J 在孤立临界点 $u=0$ 具有关于直和分解 $E=V\bigoplus W$ 的

局部环绕，如果 $h=\mu(0)$ 或者 $h=\mu(0)+\nu(0)$，那么 $C_q(J,0)\cong\delta_{q,h}\mathbb{Z}$.

从引理 2.1.2 可以看出，如果 $\boldsymbol{u}=0$ 是 J 的一个孤立临界点且具有局部环线结构，那么 0 是 J 的同调非平凡临界点 .

引理 2.1.4[4]：

设 E 是实 Banach 空间，$J\in C^1(E,\mathbb{R})$ 满足 P.S. 条件 . 假设 E 可分解为 $E^+\oplus E^-$，泛函 J 在 E^+ 上有下界，当 $\|\boldsymbol{u}\|\to\infty$ 时，$J(\boldsymbol{u})\to-\infty$，$\boldsymbol{u}\in E^-$，则 $C_h(J,\infty)\not\cong 0$，$h=\dim E^-<\infty$.

引理 2.1.5[5]：

设 $Y\subset B\subset A\subset X$ 是拓扑空间且 $q\in\mathbb{Z}$，如果

$$H_q(A,B)\neq 0\text{和}H_q(X,Y)=0, \tag{2-4}$$

则

$$H_{q+1}(X,A)\neq 0\text{或者}H_{q-1}(B,Y)\neq 0. \tag{2-5}$$

2.2 次线性情形

这一节，我们主要考虑非线性项 $f(k,t)$ 关于变量 t 是次线性情形 .

我们将对称矩阵 $P+Q$ 所有的特征值表示为

$$\lambda_1\leqslant\lambda_2\leqslant\cdots\leqslant\lambda_l\leqslant\lambda_{l+1}\leqslant\cdots\leqslant\lambda_T. \tag{2-6}$$

显然，对任意的 $u\in S$，我们有

$$\lambda_1\|\boldsymbol{u}\|^2\leqslant\boldsymbol{u}^{\mathrm{T}}(\boldsymbol{P}+\boldsymbol{Q})\boldsymbol{u}\leqslant\lambda_T\|\boldsymbol{u}\|^2. \tag{2-7}$$

我们假设下列条件 (G_1) 和 (G_2) 是成立的 .

(G_1) 存在常数 $1<\theta<2$ 和 $M>0$ 使得

$$0<tf(k,t)\leqslant\theta F(k,t),|\,t\geqslant M,\forall k\in\mathbb{Z}(1,T).$$

(G_2) 存在常数 $\delta>0$，对某个正整数 $l<T$，$\lambda_l\neq\lambda_{l+1}$ 且存在 $\bar{\lambda}\in(\lambda_l,\lambda_{l+1})$ 使得

$$\lambda_l\,|\,t\,|^2\leqslant 2F(k,t)\leqslant\bar{\lambda}\,|\,t\,|^2,|\,t\leqslant\delta,\forall k\in\mathbb{Z}(1,T).$$

定理 2.2.1：

假设矩阵 $(\boldsymbol{P}+\boldsymbol{Q})$ 是正定的，$f(k,t)$ 满足条件 (G_1) 和 (G_2)，则问题（2-1）有至少两个非平凡解 .

为了证明上述定理，我们需要先证明下面的几个引理 .

引理 2.2.1：

若矩阵 $(\boldsymbol{P}+\boldsymbol{Q})$ 是正定的，假设条件 (G_1) 成立，则 J 满足 P.S. 条件 .

证明：

设任一序列 $\{\boldsymbol{u}_n\}\subset S$ 满足 $\{J(\boldsymbol{u}_n)\}$ 是有界的，且当 $n\to+\infty$ 时，$J'(\boldsymbol{u}_n)\to 0$，那么存在一个正常数 $C\in\mathbb{R}$ 使得 $|J(\boldsymbol{u}_n)|\leqslant C$，由 (G_1)，我们有

$$
\begin{aligned}
&-C\theta-\|\boldsymbol{u}_n\|\leqslant\theta J(\boldsymbol{u}_n)-J'(\boldsymbol{u}_n)(\boldsymbol{u}_n)\\
&=\left(\frac{\theta}{2}-1\right)\boldsymbol{u}_n^{\mathrm{T}}(\boldsymbol{P}+\boldsymbol{Q})u_n-\sum_{k=1}^{T}\big(\theta F(k,u_n(k))-f(k,u_n(k))u_n(k)\big)\\
&=\left(\frac{\theta}{2}-1\right)\boldsymbol{u}_n^{\mathrm{T}}(\boldsymbol{P}+\boldsymbol{Q})\boldsymbol{u}_n-\sum_{|u_n(k)|<M}\big(\theta F(k,u_n(k))-f(k,u_n(k))u_n(k)\big)\\
&\quad-\sum_{|u_n(k)|\geqslant M}\big(\theta F(k,u_n(k))-f(k,u_n(k))u_n(k)\big)\\
&\leqslant\left(\frac{\theta}{2}-1\right)\lambda_1\|\boldsymbol{u}_n\|^2-L,
\end{aligned}
$$

其中

$$
L=\min_{(k,t)\in\mathbb{Z}(1,T)\times[-M,M]}\big(\theta F(k,t)-f(k,t)t\big),
$$

那么对任意的 $n\in\mathbb{Z}$，

$$
\left(1-\frac{\theta}{2}\right)\lambda_1\|\boldsymbol{u}_n\|^2-\|\boldsymbol{u}_n\|\leqslant C\theta-L.
$$

因为 $1<\theta<2$，因此 $\{\boldsymbol{u}_n\}$ 在 S 中是有界的，由 Bolzano – Weierstrass 定理可知序列 $\{\boldsymbol{u}_n\}$ 存在收敛子列 .

引理 2.2.2:

若矩阵 $(\boldsymbol{P}+\boldsymbol{Q})$ 是正定的，假设条件 (G_1) 成立. 则泛函 J 在 S 上是强制的，即当 $\|\boldsymbol{u}\|\to+\infty$ 时，$J(\boldsymbol{u})\to+\infty$.

证明:

矩阵 $(\boldsymbol{P}+\boldsymbol{Q})$ 是正定的，对 $\forall i\in\mathbb{Z}(1,T)$，矩阵 $\boldsymbol{P}+\boldsymbol{Q}$ 的特征值 $\lambda_i>0$，由条件 (G_1)，一定存在两个正常数 $a_1>0$，$a_2>0$ 使得下面不等式成立:

$$F(k,t)\leqslant a_1|t|^{\theta}+a_2,k\in\mathbb{Z}(1,T),t\in\mathbb{R}, \tag{2-8}$$

那么，有

$$\begin{aligned}J(\boldsymbol{u})&=\frac{1}{2}\boldsymbol{u}^{\mathrm{T}}(\boldsymbol{P}+\boldsymbol{Q})\boldsymbol{u}-\sum_{k=1}^{T}F(k,u(k))\\&\geqslant\frac{1}{2}\lambda_1\|\boldsymbol{u}\|^2-a_1\sum_{k=1}^{T}|u(k)|^{\theta}-a_2T.\end{aligned}$$

因为

$$\sum_{k=1}^{T}|u(k)|^{\theta}\leqslant T^{\frac{2-\theta}{2}}\|\boldsymbol{u}\|^{\theta},$$

所以，当 $\|\boldsymbol{u}\|\to\infty$ 时，有

$$J(\boldsymbol{u})\geqslant\frac{1}{2}\lambda_1\|\boldsymbol{u}\|^2-a_1T^{\frac{2-\theta}{2}}\|\boldsymbol{u}\|^{\theta}-a_2T\to+\infty.$$

设 $l\in\mathbb{Z}(1,T-1)$，令 $S(\lambda_l)$ 为特征值 λ_l 对应的特征子空间，V 是由特征值 $\lambda_1,\cdots,\lambda_{l-1}$ 对应的特征向量生成的特征子空间，W 是由特征值 $\lambda_{l+1},\cdots,\lambda_T$ 对应的特征向量生成的特征子空间，因此，我们给出 Hilbert 空间 S 的直和分解:

$$S=V\oplus S(\lambda_l)\oplus W. \tag{2-9}$$

引理 2.2.3:

假设条件 (G_2) 成立，则 J 在 $u=0$ 处具有关于 $S=\left(V\oplus S(\lambda_l)\right)\oplus W$ 的局部环绕，$h=\dim\left(V\oplus S(\lambda_l)\right)<T$.

证明：

令 $\gamma=\delta$，取 $u\in V\bigoplus S(\lambda_l)$ 且 $\|u\|\leqslant\delta$，那么，对 $\forall k\in\mathbb{Z}(1,T)$，有 $|u(k)|\leqslant\delta$，由 (G_2)，我们有下面的估计

$$\begin{aligned}J(\boldsymbol{u})&=\frac{1}{2}\boldsymbol{u}^{\mathrm{T}}(\boldsymbol{P}+\boldsymbol{Q})\boldsymbol{u}-\sum_{k=1}^{T}F(k,u(k))\\&\leqslant\frac{\lambda_l}{2}\|\boldsymbol{u}\|^2-\sum_{k=1}^{T}F(k,u(k))\\&=\sum_{k=1}^{T}\left(\frac{\lambda_l}{2}|u(k)|^2-F(k,u(k))\right)\leqslant 0.\end{aligned}$$

对任意的 $\boldsymbol{u}\in W$，当 $0<\|\boldsymbol{u}\|\leqslant\delta$ 时，有

$$|u(k)|\leqslant\delta,\forall k\in\mathbb{Z}(1,T).$$

我们可以给出下面估计

$$\begin{aligned}J(\boldsymbol{u})&=\frac{1}{2}\boldsymbol{u}^{\mathrm{T}}(\boldsymbol{P}+\boldsymbol{Q})\boldsymbol{u}-\sum_{k=1}^{T}F(k,u(k))\\&\geqslant\frac{\lambda_{l+1}}{2}\|\boldsymbol{u}\|^2-\sum_{k=1}^{T}F(k,u(k))\\&=\frac{\lambda_{l+1}}{2}\|\boldsymbol{u}\|^2-\frac{\bar{\lambda}}{2}\|\boldsymbol{u}\|^2-\sum_{k=1}^{T}\left(F(k,u(k))-\frac{\bar{\lambda}}{2}|u(k)|^2\right)\\&\geqslant\frac{\lambda_{l+1}-\bar{\lambda}}{2}\|\boldsymbol{u}\|^2>0.\end{aligned}$$

因此，J 在 $u=0$ 处具有关于 $S=\left(V\bigoplus S(\lambda_l)\right)\bigoplus W$ 的局部环绕 .

证明：

由引理 2.2.1 和引理 2.2.2 可知，泛函 J 满足 P.S. 条件并且是强制的，因此，J 是有下界的，结合引理 2.2.3 和引理 2.1.2，J 的临界点 $u=0$ 是同调非平凡的且不是局部极小点 . 我们应用引理 2.1.1 结论可以得出问题（2-1）在空间 S 中至少有两个非平凡的解 .

注 2.2.1：

第一，如果将条件 (G_2) 改为 (G_2') 存在常数 $\delta>0$，对某个正整数 $l<T$，

$\lambda_l \neq \lambda_{l+1}$ 且存在 $\bar{\lambda} \in (\lambda_l, \lambda_{l+1})$ 使得

$$\lambda_l |t|^2 \leqslant tf(k,t) \leqslant \bar{\lambda} |t|^2, \quad |t| \leqslant \delta, \forall k \in \mathbb{Z}(1,T).$$

定理 2.3.1 仍是成立的 .

第二，条件 (G_2) 意味着问题（2-1）在 0 点处从特征值 λ_l 的右边起是共振的，并且 (G_2) 包含 $\limsup\limits_{|t|\to 0} \dfrac{2F(k,t)}{|t|^2} = \lambda \in [\lambda_l, \lambda_{l+1}]$ 的情形 .

第三，如果 $f(k,0)=0$， $k \in \mathbb{Z}(1,T)$，那么 $u=0$ 是问题（2-1）的平凡解，由定理 2.3.1，我们找到了问题（2-1）的两个非平凡解 . 从条件 (G_1) 和 (G_2)，我们可以看到问题（2-1）的非平凡解依赖于非线性项 f 或者 F 在 0 处和无穷远处的动力学行为 .

我们给出一个例子来说明主要结论定理 2.2.1.

例子 2.2.1：

设 $T=2$，我们考虑问题（2-1），这里

$$f(k,t) = f(t) = \begin{cases} t, \text{如果} |t| < 1, \\ \dfrac{t}{|t|}, \text{如果} |t| \geqslant 1, \end{cases} k \in \mathbb{Z}(1,2).$$

那么

$$F(k,t) = F(t) = \begin{cases} \dfrac{t^2}{2}, & \text{如果} |t| < 1, \\ |t| - \dfrac{1}{2}, & \text{如果} |t| \geqslant 1. \end{cases}$$

令 $\theta = \dfrac{3}{2}$，对任意的 $k \in \mathbb{Z}(1,2), p(k)=1, q(k)=0,$ 则矩阵 $\boldsymbol{P}+\boldsymbol{Q} = \begin{pmatrix} 2 & -1 \\ -1 & 2 \end{pmatrix}$ 是正定的且有两个不同的特征值为 $\lambda_1 = 1, \lambda_2 = 3$.

下面验证定理中的条件 (G_1) 和 (G_2) .

对任意 $k \in \mathbb{Z}(1,2)$，我们有

$$\frac{3}{2}F(k,t) - tf(k,t) = \frac{1}{2}|t| - \frac{3}{4} \to +\infty, |t| \to +\infty.$$

因此，(G_1) 成立的 . 另一方面，令 $\delta=1$ ，我们看到

$$|t|^2=2F(k,t)<3|t|^2,|t|\leqslant 1,\forall k\in\mathbb{Z}(1,2),$$

条件 (G_2) 成立 . 因此，定理 2.2.1 中的条件都是满足的，则问题（4-21）在 S 至少有两个非平凡解 .

事实上，当 $k\in\mathbb{Z}(1,2),|u(k)|\geqslant 1$ 时，问题（2-1）变为

$$\begin{cases}-2u(1)+u(2)+\dfrac{u(1)}{|u(1)|}=0,\\ u(1)-2u(2)+\dfrac{u(2)}{|u(2)|}=0,\\ u(0)=u(3)=0.\end{cases} \tag{2-10}$$

我们能计算出 $\{u(0)=0,\ u(1)=1,\ u(2)=1,\ u(3)=0\}$ 和 $\{u(0)=0,\ u(1)=-1,\ u(2)=-1,\ u(3)=0\}$ 是问题（2-10）仅有的两个非平凡解 .

定理 2.2.2：

如果矩阵（ $\boldsymbol{P}+\boldsymbol{Q}$ ）是负定的，条件 (G_1) 和 (G_2) 成立 . 则问题（2-1）至少有一个非平凡解 .

证明：

因矩阵（ $\boldsymbol{P}+\boldsymbol{Q}$ ）是负定的，这种情况下，矩阵（ $\boldsymbol{P}+\boldsymbol{Q}$ ）的每一个特征值

$$\lambda_i<0,i\in\mathbb{Z}(1,T).$$

并且不等式（2-7）成立，令 $\boldsymbol{u}\in S$ 满足 $\|\boldsymbol{u}\|\geqslant M$ ，借助于 (G_1) ，当 $\|u\|\to\infty$ 时，我们有

$$J(\boldsymbol{u})\leqslant\frac{\lambda_T}{2}\|\boldsymbol{u}\|^2\to-\infty. \tag{2-11}$$

由上面的不等式知道 $-J$ 是连续并且强制的，那意味着 J 至少有一个局部极大点 $u_1\in S$ ，由 S 是有限维的空间，可知

$$C_q(J,u_1)\cong\delta_{q,T}\mathbb{Z}.$$

如果$u_1=0$，则上式变为

$$C_q(J,0)\cong\delta_{q,T}\mathbb{Z}. \tag{2-12}$$

由于条件(G_2)是成立的，我们从引理 2.2.3 可得

$$C_h(J,0)\ncong 0, h=\dim\left(V\oplus S(\lambda_l)\right)<T.$$

这是与引理 2.1.2 矛盾的，因此，u_1是问题（2-1）的一个非平凡解 .

定理 2.2.3：

如果矩阵（$\boldsymbol{P}+\boldsymbol{Q}$）是半负定的，并且下面条件成立：

$$(\mathrm{G}_3)\ \text{当}\ t\neq 0\ \text{时}, tf(k,t)>0, k\in\mathbb{Z}(1,T).$$

则问题（2-1）没有非平凡解 .

证明：

首先我们假设问题（2-1）有一个非平凡解，则泛函J一定有一个非平凡临界点$\bar{\boldsymbol{u}}$. 因为$J'(\bar{\boldsymbol{u}})=0$且矩阵（$\boldsymbol{P}+\boldsymbol{Q}$）是半负定的，我们推得

$$\bar{\boldsymbol{u}}^{\mathrm{T}}(\boldsymbol{P}+\boldsymbol{Q})\bar{\boldsymbol{u}}=\sum_{k=1}^{T}f(k,\bar{u}(k))\bar{u}(k)\leqslant 0.$$

这是与条件(G_3)矛盾的 .

若矩阵（$\boldsymbol{P}+\boldsymbol{Q}$）是非奇异的，我们能假设它的第一个正特征值是$\lambda_l$，矩阵（$\boldsymbol{P}+\boldsymbol{Q}$）的特征值序列为

$$\lambda_1\leqslant\lambda_2\leqslant\cdots\leqslant\lambda_{l-1}<\lambda_l\leqslant\lambda_{l+1}\leqslant\cdots\leqslant\lambda_T. \tag{2-13}$$

从而我们有下面不等式：

$$\begin{aligned}&\lambda_1\|\boldsymbol{u}\|^2\leqslant\boldsymbol{u}^{\mathrm{T}}(\boldsymbol{P}+\boldsymbol{Q})\boldsymbol{u}\leqslant\lambda_l\|\boldsymbol{u}\|^2,\forall\boldsymbol{u}\in V\oplus S(\lambda_l).\\&\lambda_{l+1}\|\boldsymbol{u}\|^2\leqslant\boldsymbol{u}^{\mathrm{T}}(\boldsymbol{P}+\boldsymbol{Q})\boldsymbol{u}\leqslant\lambda_T\|\boldsymbol{u}\|^2,\forall\boldsymbol{u}\in W.\end{aligned} \tag{2-14}$$

定理 2.2.4：

如果矩阵（$\boldsymbol{P}+\boldsymbol{Q}$）是非奇异的且$2\leqslant l<T$，假设$(\mathrm{G}_1)$和下面的条件成立：

$$(G_4)\lim_{t\to 0}\frac{f(k,t)}{t}=\lambda_l,\forall k\in\mathbb{Z}(1,T);$$

(G_5) 存在常数 $\delta>0$，当 $|t|\leqslant\delta$ 时，

$$2F(k,t)\geqslant\lambda_l|t|^2,\forall k\in\mathbb{Z}(1,T).$$

则问题（2-1）至少有一个非平凡解 .

证明：

首先，我们证明 J 在 0 点具有局部环绕，由 (G_4) 知，设 $\varepsilon\in(0,\lambda_{l+1}-\lambda_l)$，存在常数 $\gamma\in(0,\delta)$ 使得

$$|2F(k,t)-\lambda_l|t|^2|<\varepsilon|t|^2,|t|\leqslant\gamma,\forall k\in\mathbb{Z}(1,T).$$

结合 (G_5)，我们得到

$$0\leqslant 2F(k,t)-\lambda_l|t|^2<\varepsilon|t|^2,|t|\leqslant\gamma,\forall k\in\mathbb{Z}(1,T).$$

一方面，令 $\boldsymbol{u}\in W$ 且 $0<\|\boldsymbol{u}\|\leqslant\gamma$，我们有

$$|u(k)|\leqslant\gamma,\forall k\in\mathbb{Z}(1,T).$$

则

$$\begin{aligned}J(\boldsymbol{u})&=\frac{1}{2}\boldsymbol{u}^{\mathrm{T}}(\boldsymbol{P}+\boldsymbol{Q})\boldsymbol{u}-\sum_{k=1}^{T}F(k,u(k))\\&\geqslant\frac{\lambda_{l+1}}{2}\|\boldsymbol{u}\|^2-\frac{\lambda_l+\varepsilon}{2}\sum_{k=1}^{T}|u(k)|^2\\&=\frac{\lambda_{l+1}-\lambda_l-\varepsilon}{2}\|\boldsymbol{u}\|^2>0.\end{aligned}$$

另一方面，令 $\boldsymbol{u}\in V\bigoplus S(\lambda_l)$ 且 $\|u\|\leqslant\gamma$，那么

$$\forall k\in\mathbb{Z}(1,T),|u(k)|\leqslant\gamma.$$

因此，我们有

$$J(\boldsymbol{u})=\frac{1}{2}\boldsymbol{u}^{\mathrm{T}}(\boldsymbol{P}+\boldsymbol{Q})\boldsymbol{u}-\sum_{k=1}^{T}F(k,u(k))\leqslant\frac{\lambda_l}{2}\|\boldsymbol{u}\|^2-\frac{\lambda_l}{2}\sum_{k=1}^{T}|u(k)|^2=0.$$

我们应用引理 2.1.2 可知，J 在 0 点具有局部环绕，那么，

$$C_h(J,0)\ncong 0, h=\dim(V\bigoplus S(\lambda_l)).$$

0 不是一个局部极大点 .

设 $\boldsymbol{\zeta}$ 是子空间 $S(\lambda_l)$ 的一个向量，由 (G_4) ，计算得

$$\langle J''(0)\boldsymbol{\zeta},\boldsymbol{\zeta}\rangle=\sum_{k=1}^{T}(\lambda_l-f'(k,0))\,|\,\zeta(k)\,|^2=0.$$

因此，

$$\nu(0)=\dim S(\lambda_l)\geqslant 1$$

且

$$C_q(J,0)\cong\delta_{q,l-1+\nu(0)}\mathbb{Z}.$$

从条件 (G_1) ，我们能证明泛函 J 是满足 P.S. 条件 .

我们有当 $\|\boldsymbol{u}\|\to\infty$ 时，

$$J(\boldsymbol{u})\leqslant\frac{\lambda_{l-1}}{2}\|\boldsymbol{u}\|^2\to-\infty.$$

另一方面，当 $\boldsymbol{u}\in S(\lambda_l)\bigoplus W$ 时，

$$J(\boldsymbol{u})\geqslant\frac{1}{2}\lambda_l\|\boldsymbol{u}\|^2-a_1T^{\frac{2-\theta}{2}}\|\boldsymbol{u}\|^{\theta}-a_2T\to+\infty,\|\boldsymbol{u}\|\to\infty.$$

因此，J 在 $S(\lambda_l)\bigoplus W$ 是有下界的，我们容易看到泛函 J 满足引理 2.1.4 的所有条件，因此，$C_{l-1}(J,\infty)\ncong 0.$

我们注意到 $l-1\neq l-1+\nu(0)$ ，那么 J 有一个临界点 $u_1\neq 0$ 使得 $C_{l-1}(J,u_1)\ncong 0.$ 所以问题（2-1）至少有一个非平凡解 u_1 .

2.3 超线性情形

我们将要研究非线性项 $f(k,t)$ 关于 t 在无穷远处是超线性的 .

我们先给出下面的超线性条件：(G_6) 存在常数 $\beta\in(2,\infty)$ 和 $M>0,$ 使得

$$tf(k,t)\geqslant\beta F(k,t)>0,\forall k\in\mathbb{Z}(1,T),|\,t\,|\geqslant M\ .$$

本节主要借助于文献 [6] 的研究方法去寻找泛函 J 在空间 S 中的非平凡临界点，为了给出这一节的主要结论，我们先证明下面的几个引理 .

引理 2.3.1：

假设条件 (G_6) 成立，则 J 满足 P.S. 条件 .

证明：

假设矩阵（ $\boldsymbol{P}+\boldsymbol{Q}$ ）的全部特征值为 $\lambda_1,\lambda_2,\cdots,\lambda_T$.

记

$$\lambda_{\max}=\max\{|\lambda_1|,|\lambda_2|,\cdots,|\lambda_T|\}>0.$$

由条件 (G_6)，存在两个正常数 $a_3>0,a_4>0$ 使得

$$F(k,t)\geqslant a_3|t|^{\beta}-a_4,\forall k\in\mathbb{Z}(1,T),t\in\mathbb{R}. \tag{2-15}$$

设任一序列 $\{\boldsymbol{u}_n\}\subset E$ 满足 $\{J(\boldsymbol{u}_n)\}$ 有界，且当 $n\to+\infty$ 时， $J'(\boldsymbol{u}_n)\to 0.$ 那么存在一个正常数 $C\in\mathbb{R},$ 对 $\forall k\in\mathbb{Z}(1,T),$ 有 $|J(u_n)|\leqslant C.$

于是，我们有

$$\begin{aligned}-C&\leqslant J(u_n)\\&=\frac{1}{2}u_n^{\tau}(P+Q)u_n-\sum_{k=1}^{T}F(k,u_n(k))\\&\leqslant\frac{1}{2}\lambda_{max}\|u_n\|^2-a_3\sum_{k=1}^{T}|u_n(k)|^{\beta}+a_4T.\end{aligned}$$

由 Hölder 不等式，我们有

$$\sum_{k=1}^{T}|u_n(k)|^2\leqslant T^{\frac{\beta-2}{\beta}}\left(\sum_{k=1}^{T}|u_n(k)|^{\beta}\right)^{\frac{2}{\beta}},$$

进一步，有

$$\sum_{k=1}^{T}|u_n(k)|^{\beta}\geqslant T^{\frac{2-\beta}{2}}\|\boldsymbol{u}_n\|^{\beta}. \tag{2-16}$$

我们有

$$-C\leqslant J(\boldsymbol{u}_n)\leqslant\frac{1}{2}\lambda_{\max}\|\boldsymbol{u}_n\|^2-a_3T^{\frac{2-\beta}{2}}\|\boldsymbol{u}_n\|^{\beta}+a_4T.$$

即对任意的 $n\in\mathbb{Z}$，

$$a_3 T^{\frac{2-\beta}{2}}\|\boldsymbol{u}_n\|^{\beta}-\frac{1}{2}\lambda_{\max}\|\boldsymbol{u}_n\|^2\leqslant a_4 T+C.$$

注意到 $\beta>2$, 因此 $\{\boldsymbol{u}_n\}$ 在 S 中是有界的，由 Bolzano – Weierstrass 定理可得序列 $\{\boldsymbol{u}_n\}$ 是有收敛子序列的 .

引理 2.3.2：

假设 (G_6) 成立，则存在一个常数 $D>0$, 使得

$$J^{\hat{a}}\cong S^{T-1},\hat{a}<-\frac{3TM_1}{2}D,$$

其中，S^{T-1} 表示 S 中的单位球面 .

证明：

因为 (G_6) 成立，我们得到 $F(k,t)\geqslant a_3|t|^{\beta},|t|\geqslant M_1$.

令 $\boldsymbol{u}\in S^{T-1}$，我们有

$$\begin{aligned}J(s\boldsymbol{u})&=\frac{|s|^2}{2}\boldsymbol{u}^{\mathrm{T}}(\boldsymbol{P}+\boldsymbol{Q})\boldsymbol{u}-\sum_{k=1}^{T}F(k,su(k))\\&\leqslant\frac{\lambda_{\max}}{2}|s|^2-a_3|s|^{\beta}\sum_{k=1}^{T}|u(k)|^{\beta}\\&\leqslant\frac{\lambda_{\max}}{2}|s|^2-a_3|s|^{\beta}T^{\frac{2-\beta}{2}},\end{aligned}\tag{2-17}$$

从上面不等式可以看出，当 $|s|\to+\infty$ 时，有 $J(su)\to-\infty$.

当 $(k,t)\in\mathbb{Z}(1,T)\times[-M,M]$，令 $D=\max|f(k,t)|$, 通过 (G_6) 知，我们有

$$\begin{aligned}&\sum_{k=1}^{T}F(k,u(k))-\frac{1}{2}\sum_{k=1}^{T}u(k)f(k,u(k))=\sum_{|u(k)|>M_1}F(k,u(k))+\sum_{|u(k)|\leqslant M_1}F(k,u(k))\\&-\frac{1}{2}\sum_{|u(k)|>M_1}u(k)f(k,u(k))-\frac{1}{2}\sum_{|u(k)|\leqslant M_1}u(k)f(k,u(k))\\&\leqslant\left(\frac{1}{\beta}-\frac{1}{2}\right)\sum_{|u(k)|>M_1}u(k)f(k,u(k))+\sum_{|u(k)|\leqslant M_1}|F(k,u(k))|\\&+\frac{1}{2}\sum_{|u(k)|\leqslant M_1}|u(k)f(k,u(k))|\leqslant\left(\frac{1}{\beta}-\frac{1}{2}\right)\sum_{|u(k)|>M_1}u(k)f(k,u(k))+\frac{3TM_1}{2}D.\end{aligned}$$

令

$$\bar{a} < -\frac{3TM_1}{2}D\,,\quad s > 0$$

且

$$J(s\boldsymbol{u}) = \frac{s^2}{2}\boldsymbol{u}^{\mathrm{T}}(\boldsymbol{P}+\boldsymbol{Q})\boldsymbol{u} - \sum_{k=1}^{T}F(k,su(k)) \leqslant \bar{a}, \boldsymbol{u} \in S^{T-1}.$$

我们能计算 $J(s\boldsymbol{u})$ 关于 s 导数，并得到

$$\begin{aligned}
\frac{\mathrm{d}J(s\boldsymbol{u})}{\mathrm{d}s} &= s\left(\boldsymbol{u}^{\mathrm{T}}(\boldsymbol{P}+\boldsymbol{Q})\boldsymbol{u}\right) - \sum_{k=1}^{T}u(k)f(k,su(k)) \\
&\leqslant \frac{2}{s}\left(\sum_{k=1}^{T}F(k,su(k)) - \frac{1}{2}\sum_{k=1}^{T}su(k)f(k,su(k)) + \bar{a}\right) \\
&\leqslant \frac{2}{s}\left(\left(\frac{1}{\beta}-\frac{1}{2}\right)\sum_{|su(k)|>M_1}su(k)f(k,su(k)) + \frac{3TM_1}{2}D + \bar{a}\right) \\
&\leqslant \frac{2}{s}\left(\frac{1}{\beta}-\frac{1}{2}\right)\sum_{|su(k)|>M_1}su(k)f(k,su(k)) < 0.
\end{aligned}$$

由隐函数定理知，当 $\boldsymbol{u} \in S^{T-1}$ 时，存在一个函数

$$\varphi \in C(S^{T-1},\mathbb{R})\ ,$$

使得

$$s = \varphi(\boldsymbol{u})$$

且

$$J(\varphi(\boldsymbol{u})\boldsymbol{u}) = \hat{a} \leqslant \bar{a}.$$

如果 $u \neq 0$, 令

$$\bar{\varphi}(\boldsymbol{u}) = \frac{1}{\|\boldsymbol{u}\|}\varphi\left(\frac{\boldsymbol{u}}{\|\boldsymbol{u}\|}\right),$$

那么

$$\bar{\varphi} \in C\left(S/0,\mathbb{R}\right)$$

且当 $\boldsymbol{u} \in S\setminus 0$ 时，

$$J(\bar{\varphi}(\boldsymbol{u})\boldsymbol{u}) = \hat{a}.$$

进一步，如果

$$J(\boldsymbol{u})=\hat{a},$$

则

$$\bar{\varphi}(\boldsymbol{u})=1$$

现在，我们定义一个函数

$$\boldsymbol{\Phi}(\boldsymbol{u})=\begin{cases}\bar{\varphi}(\boldsymbol{u}),\text{如果}J(u)\geqslant\hat{a},\\1,\qquad\text{如果}J(u)\leqslant\hat{a}.\end{cases}$$

显然，$\Phi:S\setminus 0\to\mathbb{R}$ 是一个连续函数 .

我们可以定义在 $[0,1]\times(S\setminus 0)\to S\setminus 0$ 上的形变收缩映射

$$\mu(s,\boldsymbol{u})=(1-s)\boldsymbol{u}+s\Phi(\boldsymbol{u})\boldsymbol{u},$$

因此 $J^{\hat{a}}$ 强形变收缩到 $S\setminus 0$ ，即

$$J^{\hat{a}}\cong S\setminus 0\cong S^{T-1}.$$

定理 2.3.1：

假设条件 (G_2) 和 (G_6) 成立，则问题（2-1）至少有一个非平凡解 .

证明：

因为条件 (G_2) 和 (G_6) 成立，从引理 2.1.2、引理 2.2.3 和引理 2.1.3 知，存在 $\varepsilon>0$ 使得

$$H_h(J^{\varepsilon},J^{-\varepsilon})=C_h(J,0)\neq 0,$$

其中,

$$h=\dim\left(V\bigoplus S(\lambda_l)\right).$$

由引理 2.3.2，我们有

$$H_h(S,J^{\hat{a}})\cong H_h(S,S^{T-1})=0.$$

由引理 2.1.5，得

$$H_{h+1}(S,J^{\varepsilon})\neq 0\text{ 或者 }H_{h-1}(J^{-\varepsilon},J^{\hat{a}})\neq 0. \tag{2-18}$$

因此，J 有一个临界点 $u \neq 0$ 满足

$$J(u) > \varepsilon \text{或者} \hat{a} < J(u) < -\varepsilon. \tag{2-19}$$

注意到无论矩阵（$\boldsymbol{P}+\boldsymbol{Q}$）是正定的、负定的或者是非奇异的，定理 2.3.1 的结论都是成立的 .

例子 2.3.1：

令 $T=3$，我们考虑边值问题（2-1），其中

$$f(k,t)=f(t)=\begin{cases} 2t, \text{如果} |t|<\dfrac{1}{4}, \\ \dfrac{t}{\sqrt{|t|}}, \text{如果} \dfrac{1}{4} \leqslant |t| \leqslant 1, k\in\mathbb{Z}(1,3) \\ |t|^2 t, \text{如果} |t|>1, \end{cases}$$

则

$$F(k,t)=F(t)=\begin{cases} t^2, \quad \text{如果} |t|<\dfrac{1}{4}, \\ \dfrac{2}{3}|t|^{\frac{3}{2}}-\dfrac{1}{48}, \text{如果} \dfrac{1}{4}\leqslant |t| \leqslant 1, \\ \dfrac{|t|^4}{4}+\dfrac{19}{48}, \text{如果} |t|>1. \end{cases}$$

对任意的 $k\in\mathbb{Z}(1,3)$，令 $p(k)=1,\ q(k)=0$，矩阵 $\boldsymbol{P}+\boldsymbol{Q}=\begin{pmatrix} 2 & -1 & 0 \\ -1 & 2 & -1 \\ 0 & -1 & 2 \end{pmatrix}$ 有三个不同的特征值 $\lambda_1=2-\sqrt{2}, \lambda_2=2, \lambda_3=2+\sqrt{2}$.

显然，我们有

$$2|t|^2=2F(k,t)<(2+\sqrt{2})|t|^2, |t|\leqslant\frac{1}{4}, \forall k\in\mathbb{Z}(1,3).$$

令 $\beta=3$,

$$tf(k,t)-3F(k,t)=\frac{|t|^4}{4}-\frac{19}{16}\to+\infty, \text{当} |t|\to+\infty, \forall k\in\mathbb{Z}(1,3).$$

这意味着条件 (G_2) 和 (G_6) 都是成立的 . 由定理 2.3.1 知，问题（2-1）至少有一个非平凡解 .

推论 2.3.1：

假设条件 (G_2) 和 (G_6) 且 $\dim\left(V\bigoplus S(\lambda_l)\right)\pm 1\neq T$. 问题（2-1）至少有两个非平凡解 .

证明：

我们注意到从 (G_6) 有（2-15），结合（2-16），我们有

$$\begin{aligned}J(\boldsymbol{u})&=\frac{1}{2}\boldsymbol{u}^{\mathrm{T}}(\boldsymbol{P}+\boldsymbol{Q})\boldsymbol{u}-\sum_{k=1}^{T}F(k,u(k))\\&\leqslant\frac{\lambda_T}{2}\|\boldsymbol{u}\|^2-a_3\sum_{k=1}^{T}|u(k)|^{\beta}+a_4T\\&\leqslant\frac{\lambda_T}{2}\|\boldsymbol{u}\|^2-a_3T^{\frac{2-\beta}{2}}\|\boldsymbol{u}\|^{\beta}+a_4T\to-\infty,\|\boldsymbol{u}\|\to\infty.\end{aligned}$$

因为 $-J$ 是强制的，泛函 J 有一个局部极大点 $u_1\in S$，因此，$C_q(J,u_1)\cong\delta_{q,T}\mathbb{Z}$.

由条件 (G_2) 成立，从引理 2.2.3 知道 $u_1\neq 0$. 结合 $\dim\left(V\bigoplus S(\lambda_l)\right)\pm 1\neq T$，（2-18）和（2-19），一定存在 J 另一个不同于 u_1 的非平凡临界点 u_2 .

例子 2.3.2：

令 $T=3$，考虑边值问题（2-1），给定非线性项为

$$f(k,t)=f(t)=\begin{cases}-2t,如果|t|<\dfrac{1}{4},\\-\dfrac{t}{\sqrt{|t|}},如果\dfrac{1}{4}\leqslant t\leqslant 1,k\in\mathbb{Z}(1,3)\\-|t|^2t,如果|t|>1,\end{cases}$$

那么

$$F(k,t)=F(t)=\begin{cases}-t^2,如果|t|<\dfrac{1}{4},\\-\dfrac{2}{3}|t|^{\frac{3}{2}}+\dfrac{1}{48},如果\dfrac{1}{4}\leqslant t\leqslant 1,\\-\dfrac{|t|^4}{4}-\dfrac{19}{48},如果|t|>1.\end{cases}$$

对于 $k \in \mathbb{Z}(1,3)$，令 $p(k)=1, q(k)=\frac{7}{2}$，矩阵 $\boldsymbol{P}+\boldsymbol{Q}=\begin{pmatrix} -\frac{3}{2} & -1 & 0 \\ -1 & -\frac{3}{2} & -1 \\ 0 & -1 & -\frac{3}{2} \end{pmatrix}$ 是负定的，它的特征值 $\lambda_1=-\frac{3+2\sqrt{2}}{2}$，$\lambda_2=-\frac{3}{2}, \lambda_3=\frac{2\sqrt{2}-3}{2}$.

令 $\delta=\frac{1}{4}, \beta=8$, 我们有

$$-\frac{3+2\sqrt{2}}{2}|t|^2<2F(k,t)<-\frac{3}{2}|t|^2, |t|\leqslant\frac{1}{4}, \forall k \in \mathbb{Z}(1,3),$$

和

$$tf(k,t)-8F(k,t)=|t|^4+\frac{19}{6} \to +\infty, \text{当} |t| \to +\infty, \forall k \in \mathbb{Z}(1,3).$$

从上面两式可知 (G_2) 和 (G_6) 成立 . 计算得

$$\dim S(\lambda_1)=1, \dim S(\lambda_1) \pm 1 \neq 3,$$

通过推论 2.3.1 知，问题（2-1）至少有两个非平凡解 .

参考文献:

[1]Wang Z G，Zhou Z.Boundary value problem for a second order difference equation with resonance[J].Complexity，2020，2020，7527030.

[2]Liu J Q，Su J B.Remarks on multiple nontrivial solutions for quasi-linear resonant problems[J].Journal of Mathematical Analysis & Applications, 2001, 258(1):209-222.

[3]Su J B.Multiplicity results for asymptotically linear elliptic problems at resonance[J] Journal of Mathematical Analysis and Applications, 2003, 278(2):397-408.

[4]Bartsch T，Li S J.Critical point theory for asymptotically quadratic functionals and applications to problems with resonance[J].Nonlinear Analysis: Theory, Methods & Applications,1997，28(3)：419-441.

[5]Perera K.Critical groups of critical points produced by local linking with applications[J].Abstract and Applied Analysis, 1998, 3(3-4):437-446.[6]S.B.Liu. Existence of solutions to a superlinear p-Laplacian equation[J].Electronic Journal of Differential Equations, 2001（66）：1-6.

第 3 章　依赖参数的差分边值问题的多解存在性

3.1　具有超前滞后项的二阶 p－拉普拉斯算子差分方程的边值问题

本节考虑如下具有超前滞后项的二阶 p－拉普拉斯算子差分方程的边值问题 [1]：

$$\begin{cases}-\Delta(\phi_p(\Delta u(k-1)))+2q_k\phi_p(u(k))=\lambda f(k,u(k+1),u(k),u(k-1)),k\in\mathbb{Z}(1,T),\\ u(0)=u(T+1)=0,\end{cases}\tag{3-1}$$

其中，T是正整数；λ 是一个正实参数；对任意的 $k\in\mathbb{Z}(1,T)$，$q_k\geqslant 0$，$f(k,\cdot):\mathbb{R}^3\to\mathbb{R}$ 是连续函数；$\phi_p(s)$ 是 p－拉普拉斯算子，$\phi_p(s)=|s|^{p-2}s,1<p<+\infty$. 具有超前滞后项的差分方程主要用来表述一些物理和生物现象，例如：在弦中每个粒子运动的振幅 [2]，庾建设等在文献 [3] 中研究了如下带有超前滞后项的二阶差分方程：

$$Lu(k)-\omega u(k)=f(k,u(k+T),u(k),u(k-T)),k\in\mathbb{Z}.$$

其中，L 是一个如下的二阶差分算子：

$$Lu(k)=a(k)u(k+1)+a(k-1)u(k-1)+b(k)u(k),$$

对是 $\forall k\in\mathbb{Z},a(k),b(k)$ 实数且 $\omega\in\mathbb{R}$.

3.1.1 预备工作

下面给出主要用到的引理，这将用于我们主要结论的证明 .

设 E 是一个自反的实 Banach 空间，泛函 $I_\lambda : E \to \mathbb{R}$ 满足下面的结构假设：

(H_1) 假设 λ 是一个正实参数，设

$$I_\lambda: =\Phi(u)-\lambda\Psi(u), \quad \forall u\in E,$$

其中，$\Phi,\Psi\in C^1(E,\mathbb{R})$，$\Phi$ 是强制的，即

$$\lim_{\|u\|\to\infty}\Phi(u)=+\infty .$$

任给 $r>\inf\limits_E \Phi$，令

$$\varphi(r)=\inf_{v\in\Phi^{-1}(-\infty,r)}\frac{\sup\limits_{v\in\Phi^{-1}(-\infty,r)}\Psi(\boldsymbol{v})-\Psi(\boldsymbol{u})}{r-\Phi(\boldsymbol{u})},$$

和

$$\gamma=\liminf_{r\to+\infty}\varphi(r),\delta=\liminf_{r\to(\inf\limits_E\Phi)^+}\varphi(r).$$

显然，$\gamma\geqslant 0,\ \delta\geqslant 0$. 当 $\gamma=0$ 或者 $\delta=0$ 时，我们记 $\frac{1}{\gamma}$ 或 $\frac{1}{\delta}$ 为 $+\infty$.

引理 3.1.1： [4]

假设 (H_1) 成立，则下列结论成立 .

(a) 对任给 $r>\inf\limits_E\Phi$，任意的 $\lambda\in\left(0,\frac{1}{\varphi(r)}\right)$，泛函 $I_\lambda=\Phi(\boldsymbol{u})-\lambda\Psi(\boldsymbol{u})$ 在 $\boldsymbol{u}\in\Phi^{-1}(-\infty,r)$ 上有一个全局最小点，它是 I_λ 在 E 局部的极小临界点 .

(b) 如果 $\gamma<+\infty$，对任意的 $\lambda\in\left(0,\frac{1}{\gamma}\right)$，则下列两个结论二者选一：

(b_1) I_λ 存在一个全局最小点；

(b_2) 存在 I_λ 的一个临界点（局部极小点）序列 $\{u_n\}$ 使得 $\lim\limits_{n\to\infty}\Phi(u_n)=+\infty$.

(c) 如果 $\delta<+\infty$，对任意的 $\lambda\in\left(0,\frac{1}{\delta}\right)$，则下列两个结论二者选一：

(c_1) Φ 存在一个全局最小点，它是 I_λ 的局部极小点；

(c_2) 存在 I_λ 的一个互不相同的临界点（局部极小点）序列，$\{u_n\}$ 满足

$\lim\limits_{n\to+\infty}\Phi(u_n)=\inf\limits_{E}\Phi$，此点弱收敛到 Φ 全局最小点．

考虑 T 维实 Banach 空间，$S=\{u:[0,T+1]\to\mathbb{R}满足u(0)=u(T+1)=0\}$，相应范数

$$\|\boldsymbol{u}\|=\left(\sum_{k=1}^{T+1}(|\Delta u(k-1)|^p+2q_k|u(k)|^p)\right)^{\frac{1}{p}},\tag{3-2}$$

我们可以定义 S 上另外三个等价范数如下：

$$\|\boldsymbol{u}\|_P=\left(\sum_{k=1}^{T+1}|\Delta u(k-1)|^p\right)^{\frac{1}{p}},\tag{3-3}$$

$$\|\boldsymbol{u}\|_p=\left(\sum_{k=1}^{T}|u(k)|^p\right)^{\frac{1}{p}},\tag{3-4}$$

和

$$\|\boldsymbol{u}\|_\infty=\max_{k\in\mathbb{Z}(1,T)}\{|u(k)|\},\tag{3-5}$$

利用下面重要不等式[5]：

$$\|\boldsymbol{u}\|_\infty=\max_{k\in\mathbb{Z}(1,T)}\{|u(k)|\}\leqslant\frac{(T+1)^{\frac{p-1}{p}}}{2}\|\boldsymbol{u}\|_p,\quad \boldsymbol{u}\in S\tag{3-6}$$

可得．

引理 3.1.2：

对任意的 $\boldsymbol{u}\in S$，我们有

$$\|\boldsymbol{u}\|_\infty\leqslant\frac{(T+1)^{\frac{p-1}{p}}}{2(1+\underline{q})^{1/p}}\|\boldsymbol{u}\|_p,$$

其中，

$$\underline{q}=\min\{q_k,k\in\mathbb{Z}(1,T)\}.$$

证明：

由（3-6），我们得到

$$\|\boldsymbol{u}\|^p_{\infty}+\underline{q}\|\boldsymbol{u}\|^p_{\infty}\leqslant\frac{1}{2}\left(\left(\frac{T+1}{2}\right)^{p-1}\|\boldsymbol{u}\|_{\infty}^{\ p}+\sum_{k=1}^{T+1}2q_k\,|\,u(k)\,|^p\right)\leqslant\frac{(T+1)^{p-1}}{2^p}\|\boldsymbol{u}\|^p,$$

则

$$\|\boldsymbol{u}\|_{\infty}\leqslant\frac{(T+1)^{\frac{p-1}{p}}}{2(1+\underline{q})^{1/p}}\|\boldsymbol{u}\|.$$

引理 3.1.3:

对每一个 $\boldsymbol{u}\in S$，我们有

$$\min\left\{\frac{1}{T+1},(2\underline{q})^{1/p}\right\}\|\boldsymbol{u}\|_p\leqslant\|\boldsymbol{u}\|\leqslant(2^p+2\overline{q})^{1/p}\|\boldsymbol{u}\|_p,$$

其中,

$$\overline{q}=\max\{q_k,k\in\mathbb{Z}(1,T)\}.$$

证明:

令 $u\in S$，$j\in\mathbb{Z}(1,T)$ 使

$$|\,u(j)\,|=\max_{k\in\mathbb{Z}(1,T)}\{|\,u(k)\,|\},$$

因为

$$\left(\max_{k\in\mathbb{Z}(1,T)}\{|\,u(k)\,|\}\right)^p=\left|\sum_{k=j}^{T}\Delta u(k)\right|^p\leqslant\left(\sum_{k=0}^{T}|\Delta u(k)\,|\right)^p\leqslant(T+1)^{p-1}\|u\|^p. \qquad (3\text{-}7)$$

由（3-7），我们有

$$\|\boldsymbol{u}\|_p^{\ p}=\sum_{k=1}^{T}|u(k)\,|^p\leqslant(T+1)^p\|\boldsymbol{u}\|^p,$$

即

$$\frac{1}{T+1}\|\boldsymbol{u}\|_p\leqslant\|\boldsymbol{u}\|. \qquad (3\text{-}8)$$

因为

$$2\underline{q}\|\boldsymbol{u}\|_p^p\leqslant\sum_{k=1}^{T}2q_k\,|\,u(k)\,|^p\leqslant\|\boldsymbol{u}\|^p,$$

所以有

$$(2\underline{q})^{1/p}\|\boldsymbol{u}\|_p \leqslant \|\boldsymbol{u}\| . \tag{3-9}$$

从（3-8）和（3-9），得到

$$\min\left\{\frac{1}{T+1},(2\underline{q})^{1/p}\right\}\|\boldsymbol{u}\|_p \leqslant \|\boldsymbol{u}\|$$

另一方面，$k\in\mathbb{Z}(1,T)$，我们有

$$\begin{aligned}&|\Delta u(k-1)|^p=|u(k)-u(k-1)|^p\\&\leqslant(|u(k)|+|u(k-1)|)^p\\&\leqslant 2^{p-1}(|u(k)|^p+|u(k-1)|^p).\end{aligned}$$

那么，有

$$\sum_{k=1}^{T+1}|\Delta u(k-1)|^p\leqslant 2^{p-1}\left(\sum_{k=1}^{T+1}|u(k)|^p+\sum_{k=1}^{T+1}|u(k-1)|^p\right)=2^p\sum_{k=1}^{T}|u(k)|^p=2^p\|\boldsymbol{u}\|_p^{\ p},$$

于是，

$$\|\boldsymbol{u}\|^p=\sum_{k=1}^{T+1}(|\Delta u(k-1)|^p+2q_k|u(k)|^p)\leqslant(2^p+2\overline{q})\|\boldsymbol{u}\|_p^{\ p},$$

因此，

$$\|\boldsymbol{u}\|\leqslant(2^p+2\overline{q})^{1/p}\|\boldsymbol{u}\|_p .$$

令 $\mu_1,\varphi_1>0$ 是下面特征问题的第一特征值和对应单位特征向量

$$\begin{cases}-\Delta(\phi_p(\Delta u(k-1)))+2q_k\phi_p(u(k))=\mu\phi_p(u(k)),k\in\mathbb{Z}(1,T),\\u(0)=u(T+1)=0,\end{cases} \tag{3-10}$$

即

$$\mu_1=\min_{u\in S\setminus\{0\}}\frac{\sum\limits_{k=1}^{T+1}(|\Delta u(k-1)|^p+2q_k|u(k)|^p)}{\sum\limits_{k=1}^{T}|u(k)|^p}.$$

由引理 3.1.3 可得 μ_1 是有界的且

$$\min\left\{\frac{1}{(T+1)^p},2\underline{q}\right\}\leqslant\mu_1\leqslant(2^p+2\overline{q}) .$$

下面给出问题（3-1）的变分框架 .

对任意$u\in S$，令

$$\Phi(\boldsymbol{u})=\frac{\|\boldsymbol{u}\|^{p}}{p},\Psi(\boldsymbol{u})=\sum_{k=1}^{T}F(k,u(k+1),u(k)),I_{\lambda}(\boldsymbol{u})=\Phi(\boldsymbol{u})-\lambda\Psi(\boldsymbol{u})\text{，}\quad(3\text{-}11)$$

其中，$F(k,\cdot)$满足下列条件：

（H_2）$F(k,\cdot)\in C^1(\mathbb{R}^2,\mathbb{R})$ 且$F(k,0,0)=0$，$F(0,\cdot,\cdot)=0,\forall k\in\mathbb{Z}(1,T)$

（H_3）$\dfrac{\partial F(k-1,x_2,x_3)}{\partial x_2}+\dfrac{\partial F(k,x_1,x_2)}{\partial x_2}=f(k,x_1,x_2,x_3),(k,x_1,x_2,x_3)\in\mathbb{Z}(1,T)\times\mathbb{R}^3.$

直接计算I_λ对$u(k)$偏导数，得

$$\frac{\partial I_{\lambda}}{\partial u(k)}=-\Delta(\phi_p(\Delta u(k-1)))+2q_k\phi_p(u(k))-\lambda f(k,u(k+1),u(k),u(k-1))\text{，}\quad k\in\mathbb{Z}(1,T)\ .$$

从上式知，若u是泛函I_λ在S上的临界点，则当且仅当

$$-\Delta(\phi_p(\Delta u(k-1)))+2q_k\phi_p(u(k))=\lambda f(k,u(k+1),u(k),u(k-1)),k\in\mathbb{Z}(1,T)\ .$$

为了读者的方便，我们给出强极大值原理 [6，Theorem 2.2]，它通常被用来研究方程存在正解的问题 .

引理 3.1.4[6]：

假设$u\in S$，对任意$k\in\mathbb{Z}(1,T)$，如果$u(k)$满足下面两者之一：

$$(1)\ \ u(k)>0;\ (2)\ \ -\Delta(\phi_p(\Delta u(k-1)))+q_k\phi_p(u(k))\geqslant 0\ .$$

则要么对所有$k\in\mathbb{Z}(1,T)$，有$u>0$；要么$u\equiv 0$.

注 3.1.1:

假设对任意的$k\in\mathbb{Z}(1,T)$，函数$f(k,x_1,x_2,x_3):\mathbb{R}^3\to\mathbb{R}$是连续的且$f(k,x_1,0,x_3)\geqslant 0$，$(k,x_1,x_3)\in\mathbb{Z}(1,T)\times\mathbb{R}^2$.

设

$$f^*(k,x_1,x_2,x_3)=\begin{cases}f(k,x_1,0,x_3),\text{如果}x_2\leqslant 0,\\ f(k,x_1,x_2,x_3),\text{如果}x_2>0,\end{cases}$$

则

$$f^*(k,\cdot)\in C(\mathbb{R}^3,\mathbb{R}),\forall k\in\mathbb{Z}(1,T)\ .$$

考虑如下边值问题：

$$\begin{cases}-\Delta(\phi_p(\Delta u(k-1)))+2q_k\phi_p(u(k))=\lambda f^*(k,u(k+1),u(k),u(k-1)),k\in\mathbb{Z}(1,T),\\ u(0)=u(T+1)=0.\end{cases}\quad(3\text{-}12)$$

从引理 3.1.4 知道，问题（3-12）的所有解或者是零或者是正解，它们也是问题（3-1）的解，当（3-12）存在非平凡解时，则（3-1）一定存在正解 .

3.1.2 主要结论

本部分主要研究超前滞后的非线性项在无穷远处或在零点处的动力学行为对边值问题（3-1）无穷多解的存在性的影响 .

令

$$Q=\sum_{k=1}^{T}q_k,\kappa=\frac{1}{(1+Q)(T+1)^{p-1}},B=\limsup_{\xi\to+\infty}\frac{\sum_{k=1}^{T-1}F(k,\xi,\xi)+F(T,0,\xi)}{\xi^p}.\quad(3\text{-}13)$$

首先，我们给出下面的定理 .

定理 3.1.1:

假设 $(\mathrm{H}_2),(\mathrm{H}_3)$ 满足且存在两个实数序列 $\{a_n\},\{c_n\}$ ，其中 $\{a_n\},\{c_n\}$ ，使得

$$|a_n|^p<\frac{2^{p-2}(1+\underline{q})c_n^p}{(1+Q)(T+1)^{p-1}},n\in\mathbb{Z},\quad(3\text{-}14)$$

$$A<\kappa B\ ,\quad(3\text{-}15)$$

其中，

$$A=\liminf_{n\to+\infty}\frac{\sum_{k=1}^{T}\max_{|x_1|^p+|x_2|^p\leqslant c_n^p}F(k,x_1,x_2)-\sum_{k=1}^{T-1}F(k,a_n,a_n)-F(T,0,a_n)}{2^{p-2}(1+\underline{q})c_n^p-(1+Q)(T+1)^{p-1}|a_n|^p}.$$

则对每一个

$$\lambda\in\left(\frac{2+2Q}{pB},\frac{2}{p(T+1)^{p-1}A}\right),$$

问题（3-1）存在一个无界无穷解序列.

证明:

我们使用引理 3.1.1 中的(b_2)证明我们的主要结论，令

$$\lambda \in \left(\frac{2+2Q}{pB}, \frac{2}{p(T+1)^{p-1}A} \right),$$

容易验证（H_1）是成立的.

假设$\gamma < +\infty$，令

$$r_n = \frac{2^{p-1}(1+\underline{q})c_n^p}{p(T+1)^{p-1}}, \quad n \in \mathbb{Z}.$$

由引理 3.1.2 知，如果$\|\boldsymbol{u}\| \leqslant (pr_n)^{\frac{1}{p}}$，对于任意的$k \in \mathbb{Z}(1,T)$，我们有

$$|u(k+1)|^p + |u(k)|^p \leqslant c_n^p,$$

由此可得

$$\begin{aligned}
\varphi(r_n) &= \inf_{\|\boldsymbol{u}\| \leqslant (pr_n)^{1/p}} \frac{\sup\limits_{\|\boldsymbol{u}\| \leqslant (pr_n)^{1/p}} \sum\limits_{k=1}^{T} F(k,u(k+1),u(k)) - \sum\limits_{k=1}^{T} F(k,u(k+1),u(k))}{r_n - \dfrac{\|\boldsymbol{u}\|^p}{p}} \\
&\leqslant \inf_{\|\boldsymbol{u}\| \leqslant (pr_n)^{1/p}} \frac{\sum\limits_{k=1}^{T} \max\limits_{|u(k+1)|^p + |u(k)|^p \leqslant c_n^p} F(k,u(k+1),u(k)) - \sum\limits_{k=1}^{T} F(k,u(k+1),u(k))}{\dfrac{2^{p-1}(1+\underline{q})c_n^p}{p(T+1)^{p-1}} - \dfrac{\|\boldsymbol{u}\|^p}{p}}.
\end{aligned} \tag{3-16}$$

在 S 上取 $(\boldsymbol{g}_n)_k = a_n, k \in \mathbb{Z}(1,T)$，$(\boldsymbol{g}_n)_0 = (\boldsymbol{g}_n)_{T+1} = 0$，清楚地，$\{\boldsymbol{g}_n\} \subset S$ 且 $\|\boldsymbol{g}_n\|^p = 2(1+Q)|a_n|^p$.

从（3-14），得到

$$\|\boldsymbol{g}_n\| \leqslant (pr_n)^{1/p},$$

代入上式（3-16），

$$\varphi(r_n)\leqslant\frac{p(T+1)^{p-1}}{2}\frac{\sum_{k=1}^{T}\max_{|x_1|^p+|x_2|^p\leqslant c_n^p}F(k,x_1,x_2)-\sum_{k=1}^{T-1}F(k,a_n,a_n)-F(T,0,a_n)}{2^{p-2}(1+\underline{q})c_n^p-(1+Q)(T+1)^{p-1}|a_n|^p}.$$

因此，

$$\gamma\leqslant\liminf_{n\to\infty}\varphi(r_n)\leqslant\frac{p(T+1)^{p-1}}{2}A<+\infty.$$

下面，我们只需验证 I_λ 是无下界的，由（3-13）知，存在一个正实序列 $\{d_n\}$ 满足 $\lim\limits_{n\to\infty}d_n=+\infty$ 且有

$$B=\lim_{n\to+\infty}\frac{\sum_{k=1}^{T-1}F(k,d_n,d_n)+F(T,0,d_n)}{d_n^p}.\tag{3-17}$$

首先，假设 $B=+\infty$，那么存在 $M>\dfrac{2+2Q}{p\lambda}$ 和 $\nu_M\in\mathbb{Z}$，当 $\forall n>\nu_M$ 时，有

$$\sum_{k=1}^{T-1}F(k,d_n,d_n)+F(T,0,d_n)\geqslant Md_n^p.$$

在 S 上取一个序列 $\{\boldsymbol{s}_n\}$ 满足：对任意的

$$k\in\mathbb{Z}(1,T),(\boldsymbol{s}_n)_k=d_n,(\boldsymbol{s}_n)_0=(\boldsymbol{s}_n)_{T+1}=0.$$

于是，有

$$\begin{aligned}I_\lambda(\boldsymbol{s}_n)&=\Phi(s_n)-\lambda\Psi(\boldsymbol{s}_n)\\&=\frac{\|\boldsymbol{s}_n\|^p}{p}-\lambda\left(\sum_{k=1}^{T-1}F(k,d_n,d_n)+F(T,0,d_n)\right)\\&<\left(\frac{2+2Q}{p}-\lambda M\right)d_n^p,n>\nu_M.\end{aligned}$$

从上式看出，$\lim\limits_{n\to+\infty}I_\lambda(s_n)=-\infty$. 接下来，我们假设 $B<+\infty$，因为 $\lambda>\dfrac{2+2Q}{pB}$，从（3-17）知，令 $\varepsilon>0$ 且 $\varepsilon<B-\dfrac{2+2Q}{p\lambda}$，一定存在 $\nu_\varepsilon\in\mathbb{Z}$ 使得

$$\sum_{k=1}^{T-1}F(k,d_n,d_n)+F(T,0,d_n)\geqslant(B-\varepsilon)d_n^p,\forall n>\nu_\varepsilon.$$

在 S 中仍取上面的序列 $\{\boldsymbol{s}_n\}$，我们有

$$I_\lambda(\boldsymbol{s}_n) < \left(\frac{2+2Q}{p} - \lambda(B-\varepsilon)\right) d_n^p, n > \nu_\varepsilon.$$

显然，$\lim\limits_{n\to+\infty} I_\lambda(\boldsymbol{s}_n) = -\infty$. 因此，由引理 3.1.1 的 (b_2)，存在 I_λ 的一个临界点（局部极小点）序列 $\{\boldsymbol{u}_n\}$ 使得 $\lim\limits_{n\to\infty} \varPhi(\boldsymbol{u}_n) = +\infty$.

由定理 3.1.1，我们可以得到如下推论 .

推论 3.1.1：

假设条件 (H_2) 和 (H_3) 成立，且

$$A = \liminf_{\xi\to+\infty} \frac{\sum\limits_{k=1}^{T} \max\limits_{|x_1|^p+|x_2|^p\leqslant\xi^p} F(k,x_1,x_2)}{\xi^p} < 2^{p-2}(1+\underline{q})\kappa B. \tag{3-18}$$

则对每一个

$\lambda \in \left(\dfrac{2+2Q}{pB}, \dfrac{2^{p-1}(1+\underline{q})}{p(T+1)^{p-1}A}\right)$，问题（3-1）存在一个无界无穷解序列 .

证明：

令 $\{c_n\}$ 是一个实序列且 $\lim\limits_{n\to\infty} c_n = +\infty$，使得

$$A = \lim_{n\to+\infty} \frac{\sum\limits_{k=1}^{T} \max\limits_{|x_1|^p+|x_2|^p\leqslant c_n^p} F(k,x_1,x_2)}{c_n^p}. \tag{3-19}$$

在（3-14）式中，对任意的 $n\in\mathbb{Z}$，令 $a_n = 0$, 再结合 (H_2)，（3-18）和（3-19），我们能使用定理 3.1.1 推得结论 .

由注 3.1.2 上面的推论我们可以得知，问题（3-1）无穷解的存在性依赖于 $F(k,x_1,x_2)$ 在无穷远处 $(|x_1|^p + |x_2|^p \to +\infty)$ 振动性，并建立了参数 λ 所属的连续区间 .

下面我们给出使用极大值原理得到的问题正解的存在性 .

定理 3.1.2：

如果

$$f(k,x_1,0,x_3)\geqslant 0\text{，}\quad (k,x_1,x_3)\in\mathbb{Z}(1,T)\times\mathbb{R}^2\text{，}$$

且定理 3.1.1 的假设成立，则对每一个

$$\lambda\in\left(\frac{2+2Q}{pB},\frac{2}{p(T+1)^{p-1}A}\right),$$

问题（3-1）存在一个无界无穷正解序列 .

推论 3.1.2：

如果

$$f(k,x_1,0,x_3)\geqslant 0\text{，}\quad (k,x_1,x_3)\in\mathbb{Z}(1,T)\times\mathbb{R}^2\text{，}$$

且推论 3.1.1 的假设成立，则对每一个

$$\lambda\in\left(\frac{2+2Q}{pB},\frac{2^{p-1}(1+\underline{q})}{p(T+1)^{p-1}A}\right),$$

问题（3-1）存在一个无界无穷正解序列 .

然而，表示振幅的超前滞后项带有共振现象是一个更具体客观、有实际意义的物理现象，基于这种考虑，接下来，我们研究 $F(k,x_1,x_2)$ 在无穷远处关于 μ_1 共振的情形，即

$$\lim_{|x_2|\to+\infty}p\frac{F(k-1,x_2,x_3)+F(k,x_1,x_2)}{|x_2|^p}=\mu_1,(k,x_1,x_2,x_3)\in\mathbb{Z}(1,T)\times\mathbb{R}^3.\quad(3\text{-}20)$$

并且 $F(k,x_1,x_2)$ 在无穷远处满足条件

$$\lim_{|x_2|\to+\infty}\frac{F(k,x_1,x_2)}{|x_2|}=+\infty,(k,x_1,x_2)\in\mathbb{Z}(1,T)\times\mathbb{R}^2,\qquad(3\text{-}21)$$

我们能得到共振情形下另一个无穷多解定理，显然，该定理中参数 λ 的取值范围更具体 .

定理 3.1.3：

假设 (H_2) 和 (H_3)，以及（3-14）、（3-20）和（3-21）满足且 $A<\dfrac{1}{p(T+1)^{p-1}}$，

则对每一个 $\lambda\in\left(2,\dfrac{2}{p(T+1)^{p-1}A}\right)$，问题（3-1）存在一个无界无穷解序列 .

证明：

令

$$\lambda\in\left(2,\frac{2}{p(T+1)^{p-1}A}\right),$$

这里，我们只需证明 I_λ 是无下界的，由（3-20）和（3-23）知，令

$$\varepsilon\in\left(0,\frac{\mu_1(\lambda-2)}{\lambda}\right),$$

一定存在 $M\gg 1$，使得当 $|x_2|\geqslant M$ 时，有

$$F(k-1,x_2,x_3)+F(k,x_1,x_2)\geqslant\frac{(\mu_1-\varepsilon)}{p}|x_2|^p,(k,x_1,x_2,x_3)\in\mathbb{Z}(1,T)\times\mathbb{R}^3.$$

$$F(k,x_1,x_2)\geqslant|x_2|,(k,x_1,x_2)\in\mathbb{Z}(1,T)\times\mathbb{R}^2.$$

当 $|s|$ 充分大时，有

$$\begin{aligned}
&I_\lambda(s\boldsymbol{\varphi}_1)=\Phi(s\boldsymbol{\varphi}_1)-\lambda\Psi(s\boldsymbol{\varphi}_1)\\
&=\frac{\|s\varphi_1\|^p}{p}-\lambda\sum_{k=1}^{T}F(k,s\varphi_1(k+1),s\varphi_1(k))\\
&\leqslant\frac{|s|^p}{p}-\lambda\left(\frac{(\mu_1-\varepsilon)}{2p}\sum_{k=1}^{T}|s\varphi_1(k)|^p+\frac{F(T,0,s\varphi_1(T))}{2}\right)\\
&<\frac{1}{p}\left(1-\frac{\lambda(\mu_1-\varepsilon)}{2\mu_1}\right)|s|^p-\frac{\lambda\varphi_1(T)}{2}|s|.
\end{aligned}$$

显然，$\lim\limits_{|s|\to+\infty}I_\lambda(s\boldsymbol{\varphi}_1)=-\infty.$

因此，由引理 3.1.1 (b_2) 可知，存在 I_λ 的一个临界点（局部极小点）序列 $\{u_n\}$ 使得 $\lim\limits_{n\to\infty}\Phi(u_n)=+\infty.$

对于 $F(k,x_1,x_2)$ 在零点处 $(|x_1|^p+|x_2|^p\to 0)$ 的振动动力学行为，我们有下列结论 .

定理 3.1.4：

假设 (H_2) ,(H_3) 成立，且

$$A^* < 2^{p-2}(1+\underline{q})\kappa B^*, \tag{3-22}$$

其中，

$$A^* = \liminf_{\xi\to 0^+} \frac{\sum_{k=1}^{T} \max_{|x_1|^p+|x_2|^p\leqslant \xi^p} F(k,x_1,x_2)}{\xi^p}, B^* = \limsup_{\xi\to 0+} \frac{\sum_{k=1}^{T-1} F(k,\xi,\xi)+F(T,0,\xi)}{\xi^p}.$$

则对每一个

$$\lambda \in \left(\frac{2+2Q}{pB^*}, \frac{2^{p-1}(1+\underline{q})}{p(T+1)^{p-1}A^*}\right),$$

问题（3-1）存在互不相同的收敛于 0 的解序列 .

证明：

我们通过验证引理 3.1.1 的 (c_n) 来证明我们的结论 .
取

$$\lambda \in \left(\frac{2+2Q}{pB^*}, \frac{2^{p-1}(1+\underline{q})}{p(T+1)^{p-1}A^*}\right),$$

令 $\{c_n\}$ 是满足 $\lim_{n\to\infty} c_n = 0$ 的正实序列且有

$$A^* = \lim_{n\to+\infty} \frac{\sum_{k=1}^{T} \max_{|x_1|^p+|x_2|^p\leqslant c_n^p} F(k,x_1,x_2)}{c_n^p}. \tag{3-23}$$

和上文一样，同样令

$$r_n = \frac{2^{p-1}(1+\underline{q})c_n^p}{p(T+1)^{p-1}}, n\in\mathbb{Z}.$$

由（3-7）知，对任意的 $k\in\mathbb{Z}(1,T)$ ，注意到

$$\|\boldsymbol{u}\| \leqslant (pr_n)^{\frac{1}{p}}$$

暗示

$$|u(k+1)|^p+|u(k)|^p\leqslant c_n^p,$$

由 φ 的定义，自然有

$$\varphi(r_n)=\inf_{\|\boldsymbol{u}\|\leqslant(pr_n)^{1/p}}\frac{\sup\limits_{\|\boldsymbol{u}\|\leqslant(pr_n)^{1/p}}\sum\limits_{k=1}^{T}F(k,u(k+1),u(k))-\sum\limits_{k=1}^{T}F(k,u(k+1),u(k))}{r_n-\dfrac{\|\boldsymbol{u}\|^p}{p}}$$

$$\leqslant\frac{p(T+1)^{p-1}}{2^{p-1}(1+\underline{q})}\frac{\sum\limits_{k=1}^{T}\max\limits_{|x_1|^p+|x_2|^p\leqslant c_n^p}F(k,x_1,x_2)}{c_n^p},$$

那么，

$$\delta\leqslant\liminf_{n\to\infty}\varphi(r_n)\leqslant\frac{p(T+1)^{p-1}}{2^{p-1}(1+\underline{q})}A^*<+\infty.$$

显然，0是 Φ 在 S 上的全局极小点，而且 $I_\lambda(0)=0$.

下面我们证明0不是 I_λ 的局部极小点 .

我们能找到一个满足 $\lim\limits_{n\to+\infty}d_n=0$ 的正实数序列 $\{d_n\}$,使得

$$B^*=\lim_{n\to+\infty}\frac{\sum\limits_{k=1}^{T-1}F(k,d_n,d_n)+F(T,0,d_n)}{d_n^p}.\tag{3-24}$$

如果 $B^*=+\infty$, 固定 $M>\dfrac{2+2Q}{p\lambda}$, 一定存在正的 $\nu_M\in\mathbb{Z}$ 使得

$$\sum_{k=1}^{T-1}F(k,d_n,d_n)+F(T,0,d_n)>Md_n^p,\forall n>\nu_M.$$

取序列 $\{v_n\}\subset S$：对于任意的

$$k\in\mathbb{Z}(1,T),(v_n)_k=d_n,(v_n)_0=(v_n)_{T+1}=0.$$

由于当 $n\to\infty$ 时,

$$\|\boldsymbol{v}_n\|=(2+2Q)^{1/p}d_n\to0,$$

于是我们有

$$\begin{aligned} I_\lambda(\boldsymbol{v}_n) &= \Phi(\boldsymbol{v}_n) - \lambda\Psi(\boldsymbol{v}_n) \\ &= \frac{\|\boldsymbol{v}_n\|^p}{p} - \lambda\left(\sum_{k=1}^{T-1} F(k,d_n,d_n) + F(T,0,d_n)\right) \\ &< \left(\frac{2+2Q}{p} - \lambda M\right) d_n^p < 0, n > \nu_M . \end{aligned}$$

由此可知，0 不是 I_λ 的局部极小点 .

如果 $B^* < +\infty, \lambda > \dfrac{2+2Q}{pB^*}$，一定存在一个序列 $\{d_n\}$ 满足 $\lim\limits_{n\to+\infty} d_n = 0$，使得（3-24）成立，取 $0 < \varepsilon < B^* - \dfrac{2+2Q}{p\lambda}$，存在 $\nu_\varepsilon \in \mathbb{Z}$, 使得

$$\sum_{k=1}^{T-1} F(k,d_n,d_n) + F(T,0,d_n) > (B^* - \varepsilon) d_n^p, \forall n > \nu_\varepsilon .$$

和前面的讨论一样，可以取定序列 $\{\boldsymbol{v}_n\} \subset S$，使得

$$I_\lambda(\boldsymbol{v}_n) < \left(\frac{2+2Q}{p} - \lambda(B^* - \varepsilon)\right) d_n^p < 0, n > \nu_\varepsilon .$$

显然，0 不是 I_λ 的局部极小点，我们验证了引理 3.1.1 中的（ c_2 ）. 因此，问题（3-1）存在互不相同的收敛于 0 的解序列 .

类似于定理 3.1.3，我们给出在 $F(k,x_1,x_2)$ 零点处振动的收敛于 0 的正解序列 .

定理 3.1.5：

如果对任意的

$$(k,x_1,x_3) \in \mathbb{Z}(1,T) \times \mathbb{R}^2 ,$$

有

$$f(k,x_1,0,x_3) \geqslant 0 ,$$

并且定理 3.3.4 所有假设成立，则对每一个

$$\lambda \in \left(\frac{2+2Q}{pB^*}, \frac{2^{p-1}(1+\underline{q})}{p(T+1)^{p-1}A^*}\right),$$

问题（3-1）存在互不相同的收敛于 0 的正解序列 .

下面我们给出例子说明我们的主要结论 .

例子 3.1.1：

考虑边值问题（3-1），给定函数如下：

对任意的 $k\in\mathbb{Z}(1,T)$, 有

$$
\begin{aligned}
&f(k,x_1,x_2,x_3)=(1+\varepsilon+\cos(\varepsilon\ln(1+|x_2|^p+|x_3|^p))\\
&-\varepsilon\sin(\varepsilon\ln(1+|x_2|^p+|x_3|^p)))p|x_2|^{p-2}x_2\\
&+(1+\varepsilon+\cos(\varepsilon\ln(1+|x_1|^p+|x_2|^p))\\
&-\varepsilon\sin(\varepsilon\ln(1+|x_1|^p+|x_2|^p)))p|x_2|^{p-2}x_2.
\end{aligned}
\tag{3-25}
$$

令

$$F(k,x_1,x_2)=\left(1+|x_1|^p+|x_2|^p\right)\left(1+\varepsilon+\cos(\varepsilon\ln(1+|x_1|^p+|x_2|^p))\right)-2-\varepsilon.$$

显然，$F(k,x_1,x_2)$ 满足条件 (H_2) 和 (H_2)，容易看到，

$$\max_{|x_1|^p+|x_2|^p\leqslant\xi^p}F(k,x_1,x_2)=\left(1+\xi^p\right)\left(1+\varepsilon+\cos(\varepsilon\ln(1+\xi^p))\right)-2-\varepsilon.$$

计算下面极限：

$$A=\liminf_{\xi\to+\infty}\frac{\sum_{k=1}^{T}\max_{|x_1|^p+|x_2|^p\leqslant\xi^p}F(k,x_1,x_2)}{\xi^p}$$

$$=T\liminf_{\xi\to+\infty}\frac{(1+\xi^p)(1+\varepsilon+\cos(\varepsilon\ln(1+\xi^p)))-2-\varepsilon}{\xi^p}$$

$$=\varepsilon T,$$

和

$$B=\limsup_{\xi\to+\infty}\frac{\sum_{k=1}^{T-1}F(k,\xi,\xi)+F(T,0,\xi)}{\xi^p}$$

$$=\limsup_{\xi\to+\infty}[(2T-1)(1+\varepsilon)+2(T-1)\cos(\varepsilon\ln(1+2\xi^p))$$

$$+\cos(\varepsilon\ln(1+\xi^p))]\geqslant(2T-1)\varepsilon+2\geqslant2+\varepsilon.$$

考虑当 ε 充分小时，有

$$\frac{2+2Q}{pB}\leqslant\frac{2+2Q}{(2+\varepsilon)p}\leqslant\frac{2^{p-1}(1+\underline{q})}{p(T+1)^{p-1}\varepsilon T}$$

成立 .

因此，对任每一个 $\lambda\in\left(\dfrac{2+2Q}{pB},\dfrac{2^{p-1}(1+\underline{q})}{p(T+1)^{p-1}\varepsilon T}\right)$，由推论 3.1.1 知，问题（3-1）存在一个无界无穷解序列 . 进一步，当 $(k,x_1,x_3)\in\mathbb{Z}(1,T)\times\mathbb{R}^2$ 时，$f\left(k,x_1,0,x_3\right)=0$ 再由推论 3.1.2 可知，上述解为正解 .

3.2　依赖参数的 $2n$ 阶差分方程边值问题多个非平凡解的存在性

本节考虑如下具有参数的 $2n$ 阶差分方程边值问题 [7]：

$$\begin{cases}\Delta^n(p(k)\Delta^n u(k-n))+\lambda(-1)^{n+1}f(k,u(k))=0,k\in\mathbb{Z}(1,T),\\ u(0)=u(-1)=\cdots=u(1-n)=0,\Delta^n u(T)=\Delta^{n-1}u(T)=\cdots=\Delta u(T)=0,\end{cases}\tag{3-26}$$

其中，T 和 n 是正整数，并且满足 $T>n$；λ 是一个正实参数；对任意的 $k\in\mathbb{Z}(1,T),f(k,\cdot):\mathbb{R}\to\mathbb{R}$ 是连续函数，并且 $p(k)>0$；Δ 表示向前差分算子，定义为

$$\Delta u(k)=u(k+1)-u(k),\Delta^n u(k)=\Delta(\Delta^{n-1}u(k)) .$$

为了研究我们的主要结论，我们首先给出边值问题（3-26）的变分框架和相关的引理，考虑 T 维实Banach空间：

$$S=\begin{Bmatrix}u:[1-n,T+n]\to\mathbb{R}\,|\,u(0)=u(-1)=\cdots=u(1-n)=0,\\ \Delta^n u(T)=\Delta^{n-1}u(T)=\cdots=\Delta u(T)=0\end{Bmatrix}.$$

定义相应的范数为

$$\|\boldsymbol{u}\|=\left(\sum_{k=1}^{T}(|u(k)|^2\right)^{\frac{1}{2}}.$$

我们可以定义 S 上另外一个等价范数如下：

$$\|\boldsymbol{u}\|_{\infty}=\max_{k\in\mathbb{Z}(1,T)}\{|u(k)|\}.$$

下面给出问题（3-26）的变分框架．

对任意 $\boldsymbol{u}\in S$，令

$$\begin{aligned}&\Phi(\boldsymbol{u})=\frac{1}{2}\sum_{k=1}^{T}p(k)(\Delta^{n}u(k-n))^{2},\Psi(\boldsymbol{u})=\sum_{k=1}^{T}F(k,u(k)),\\&I_{\lambda}(\boldsymbol{u})=\Phi(\boldsymbol{u})-\lambda\Psi(\boldsymbol{u}),\end{aligned}\tag{3-27}$$

其中，

$$F(k,\xi)=\int_{0}^{\xi}f(k,s)\mathrm{d}s.$$

显然

$$I_{\lambda}\in C^{1}(S,\mathbb{R}),$$

直接计算 I_{λ} 对 $u(k)$ 偏导数，得

$$\frac{\partial I_{\lambda}(\boldsymbol{u})}{\partial u(k)}=(-1)^{n}\Delta^{n}(p(k)\Delta^{n}u(k-n))-\lambda f(k,u(k)),k\in\mathbb{Z}(1,T).$$

从上式看出，若 $\boldsymbol{u}$ 是泛函 I_{λ} 在 S 上的临界点，当且仅当

$$\Delta^{n}(p(k)\Delta^{n}u(k-n))+\lambda(-1)^{n+1}f(k,u(k))=0,k\in\mathbb{Z}(1,T).$$

假设 $F(k,\cdot)$ 满足下列条件：

$$(\mathrm{H}_2)F(k,\cdot)\in C^{1}(\mathbb{R},\mathbb{R})\text{且}F(k,0)=0,F(0,\cdot)=0,\forall k\in\mathbb{Z}(1,T);$$

$$(\mathrm{H}_3)B=\limsup_{\xi\to+\infty}\frac{F(k,\xi)}{\xi^{2}},\forall k\in\mathbb{Z}(1,T).$$

令

$$p_{*}=\min_{k\in\mathbb{Z}(1,T)}\{p(k)\}.$$

下面我们给出文中的主要定理．

定理 3.2.1：

假设满足条件 (H_2),(H_3) 且存在两个实数序列 $\{a_j\},\{c_j\}$，其中，$\lim\limits_{j\to+\infty}c_j=+\infty$，使得

$$\left|a_j\right| < c_j,\ A < \frac{B}{p(T)}, \tag{3-28}$$

其中，

$$A = \liminf_{j\to+\infty} \frac{\sum_{k=1}^{T} \max_{|u(k)|\leqslant c_j} F(k,u(k)) - F(T,a_j)}{2\alpha c_j^2 - p(T)a_j^2}.$$

则对每一个 $\lambda \in \left(\frac{p(T)}{2B}, \frac{1}{2A}\right)$, 问题（3-26）存在一个无界无穷解序列 .

证明：

我们注意到

$$\begin{aligned}\boldsymbol{\Phi}(\boldsymbol{u}) &= \frac{1}{2}\sum_{k=1}^{T} p(k)(\Delta^n u(k-n))^2 \\ &\geqslant \frac{p_*}{2}\sum_{k=1}^{T}(\Delta^{n-1}u(k+1-n) - \Delta^{n-1}u(k-n))^2 \\ &\geqslant \frac{p_*}{2}(C^{T+1}x, x),\end{aligned}$$

其中，$x = (\Delta^{n-1}u(1-n), \Delta^{n-1}u(2-n), \cdots, \Delta^{n-1}u(T+1-n))^{tr}$, C^i 为 $(i\times i)$ 对称矩阵 .

$$\boldsymbol{C}^i = \begin{pmatrix} 1 & -1 & 0 & \cdots & 0 & 0 \\ -1 & 2 & -1 & \cdots & 0 & 0 \\ 0 & -1 & 2 & \cdots & 0 & 0 \\ \vdots & \vdots & \vdots & & \vdots & \vdots \\ 0 & 0 & \cdots & -1 & 2 & -1 \\ 0 & 0 & \cdots & 0 & -1 & 1 \end{pmatrix}.$$

显然，0 是 $\boldsymbol{C}^i$ 的一个特征值，对任意的 $\boldsymbol{\eta} = (v, v, \cdots, v)^{tr} \in \mathbb{R}^i$ 是对应于 0 的特征向量，$v \neq 0$. 令 $0 < \lambda_{(i,1)} \leqslant \lambda_{(i,2)} \leqslant \cdots \leqslant \lambda_{(i,i-1)}$ 是 $\boldsymbol{C}^i$ 的其他特征值，于是有

$$\Phi(u) \geqslant \frac{p_*}{2}\lambda_{(T+1,1)} x \cdot x^{tr}.$$

进一步，有

$$x\cdot x^{tr}=\sum_{k=1}^{T+1}\left(\Delta^{n-2}u(k+1-n)-\Delta^{n-2}u(k-n)\right)^2\geqslant\lambda_{(T+2,1)}\sum_{k=1}^{T+2}(\Delta^{n-2}u(k-n))^2$$
$$=\lambda_{(T+2,1)}\sum_{k=1}^{T+2}\left(\Delta^{n-3}u(k+1-n)-\Delta^{n-3}u(k-n)\right)^2\geqslant\lambda_{(T+2,1)}\cdot\lambda_{(T+3,1)}\sum_{k=1}^{T+3}(\Delta^{n-3}u(k-n))^2$$
$$\geqslant\lambda_{(T+2,1)}\cdot\lambda_{(T+3,1)}\cdots\lambda_{(T+n,1)}\|\boldsymbol{u}\|^2,$$

设

$$\alpha=\frac{p_*}{2}\lambda_{(T+1,1)}\cdot\lambda_{(T+2,1)}\cdots\lambda_{(T+n,1)}\leqslant 2^{2n-1}p_*,$$

因此，

$$\Phi(\boldsymbol{u})\geqslant\alpha\|\boldsymbol{u}\|^2.$$

当$\|\boldsymbol{u}\|\to\infty$时，$\Phi(\boldsymbol{u})\to\infty$，$\Phi(\boldsymbol{u})$在$S$上是强制的，容易验证$(\mathrm{H}_1)$的其他条件也成立，我们使用引理3.1.1中的$(\mathrm{b}_2)$证明我们的主要结论．取

$$\lambda\in\left(\frac{p(T)}{2B},\frac{1}{2A}\right),$$

假设$\gamma<+\infty$. 令$r_j=\alpha c_j^2, j\in\mathbb{Z}$. 如果$\|\boldsymbol{u}\|\leqslant(\frac{r_j}{\alpha})^{\frac{1}{2}}$, 对于任意的$k\in\mathbb{Z}(1,T)$, 我们有

$$|u(k)|\leqslant\max_{k\in\mathbb{Z}(1,T)}\{|u(k)|\}\leqslant\|\boldsymbol{u}\|\leqslant c_j,$$

由此可得

$$\begin{aligned}\varphi(r_j)&\leqslant\inf_{\|\boldsymbol{u}\|\leqslant\left(\frac{r_j}{\alpha}\right)^{1/2}}\frac{\sup\limits_{\|\boldsymbol{u}\|\leqslant\left(\frac{r_j}{\alpha}\right)^{1/2}}\sum_{k=1}^{T}F(k,u(k))-\sum_{k=1}^{T}F(k,u(k))}{r_j-\Phi(\boldsymbol{u})}\\&\leqslant\inf_{\|\boldsymbol{u}\|\leqslant\left(\frac{r_j}{\alpha}\right)^{1/2}}\frac{\sum_{k=1}^{T}\max\limits_{|u(k)|\leqslant c_j}F(k,u(k))-\sum_{k=1}^{T}F(k,u(k))}{\alpha c_j^2-\Phi(\boldsymbol{u})}.\end{aligned}\tag{3-29}$$

对任意的$k\in\mathbb{Z}(1-n,T-1)$, 取

$$(\boldsymbol{g}_j)(k)=0,(\boldsymbol{g}_j)(T)=(\boldsymbol{g}_j)(T+1)=\cdots=(g_j)(T+n)=a_j.$$

清楚地，

$$\boldsymbol{g}_j \in S \text{且} \varPhi(\boldsymbol{g}_j)=\frac{p(T)a_j^2}{2}.$$

从（3-28）式，得到

$$\|\boldsymbol{g}_j\|=|a_j|\leqslant\left(\frac{r_j}{\alpha}\right)^{\frac{1}{2}},$$

代入上式（3-29）

$$\varphi(r_j)\leqslant 2\frac{\sum_{k=1}^{T}\max_{|u(k)|\leqslant c_j}F(k,u(k))-F(T,a_j)}{2\alpha c_j^2-p(T)a_j^2}.$$

因此，$\gamma\leqslant\liminf_{j\to\infty}\varphi(r_j)\leqslant 2A<+\infty.$

下面，我们只需验证 I_λ 是无下界的，由 (H_3) 知，存在一个正实序列 $\{d_j\}$ 满足 $\lim_{j\to\infty}d_j=+\infty$ 且有

$$B=\lim_{j\to+\infty}\frac{F(k,d_j)}{d_j^2},\forall k\in\mathbb{Z}(1,T).\tag{3-30}$$

首先，假设 $B=+\infty$, 那么存在

$$M>\frac{p(T)}{2\lambda} \text{和} \nu_M\in\mathbb{Z},$$

当 $\forall j>\nu_M$ 时，有

$$F(k,d_j)\geqslant Md_j^{\ 2}.$$

在 S 上取一个序列 $\{s_j\}$ 满足：对任意的 $k\in\mathbb{Z}(1,T-1)$, 取

$$(s_j)(k)=0,\ (s_j)(T)=d_j.$$

于是，有

$$\begin{aligned}I_\lambda(s_j)&=\varPhi(s_j)-\lambda\varPsi(s_j)=\frac{p(T)}{2}d_j^{\ 2}-\lambda F(T,d_j)\\&\leqslant\left(\frac{p(T)}{2}-\lambda M\right)d_j^{\ 2},n>\nu_M.\end{aligned}$$

从上式看出，

$$\lim_{j\to+\infty} I_\lambda(s_j) = -\infty.$$

接下来，我们假设 $B<+\infty$. 因为 $\lambda>\frac{p(T)}{2B}$, 从（3-30）式，令 $\varepsilon>0$ 且 $\varepsilon<B-\frac{p(T)}{2\lambda}$, 一定存在 $\nu_\varepsilon\in\mathbb{Z}$ 使得

$$F(k,d_j)\geqslant(B-\varepsilon)d_j^2, \forall j>\nu_\varepsilon.$$

在 S 中仍取上面的序列 $\{s_j\}$, 我们有

$$I_\lambda(s_j)<\left(\frac{p(T)}{2}-\lambda(B-\varepsilon)\right)d_j^2, j>\nu_\varepsilon.$$

显然，

$$\lim_{j\to+\infty} I_\lambda(s_j) = -\infty.$$

因此，由引理 3.1.1 中 (b_2), 存在 I_λ 的一个临界点（局部极小点）序列 $\{u_n\}$ 使得 $\lim_{n\to\infty}\Phi(u_n)=+\infty$，证毕 .

由定理 3.2.1 我们可以得到如下推论 .

推论 3.2.1：

假设条件 (H_2)和(H_3) 成立，且

$$A=\liminf_{t\to+\infty}\frac{\sum_{k=1}^{T}\max_{|\xi|\leqslant t}F(k,\xi)}{t^2}<\frac{2\alpha B}{p(T)}. \tag{3-31}$$

则对每一个 $\lambda\in\left(\frac{p(T)}{2B},\frac{\alpha}{A}\right)$, 问题（3-26）存在一个无界无穷解序列 .

证明：

令 $\{c_j\}$ 是一个实序列且 $\lim_{j\to\infty}c_j=+\infty$, 使得

$$A=\lim_{j\to+\infty}\frac{\sum_{k=1}^{T}\max_{|\xi|\leqslant c_j}F(k,\xi)}{c_j^2}.\tag{3-32}$$

在（3-28）式中，对任意的 $j\in\mathbb{Z}$, 令 $a_{\mathrm{j}}=0$, 再结合 (H_3)、（3-31）式和（3-32）式，我们能使用定理 3.2.1 推得结论，证毕 .

最后，我们给出一个例子说明我们的主要结论 .

例子 3.2.1：

考虑边值问题（3-26）给定函数如下：对任意的 $k\in\mathbb{Z}(1,T)$, 有

$$f(k,u)=f(u)=2u\big(1+\varepsilon+\cos(2\ln|u|+1)-\varepsilon\sin(2\ln|u|+1)\big).$$

令

$$F(u)=|u|^2\big(1+\varepsilon+\cos(2\varepsilon\ln|u|+1)\big).$$

显然， $F(u)$ 是 $\mathbb{R}$ 上的偶函数，并且在 $[0,+\infty)$ 上是单调增加的，容易验证 $F(u)$ 满足条件 (H_1) 和 (H_2), 于是，

$$\max_{|u|\leqslant t}F(u)=|t|^2\big(1+\varepsilon+\cos(2\varepsilon\ln|t|+1)\big).$$

计算下面极限：

$$\begin{aligned}A&=\liminf_{t\to+\infty}\frac{\sum_{k=1}^{T}\max_{|u|\leqslant t}F(k,u)}{t^2}\\&=\liminf_{t\to+\infty}\frac{\sum_{k=1}^{T}|t|^2\big(1+\varepsilon+\cos(2\varepsilon\ln|t|+1)\big)}{t^2}\\&=T\liminf_{t\to+\infty}\big(1+\varepsilon+\cos(2\varepsilon\ln|t|+1)\big)=T\varepsilon\end{aligned}$$

和

$$B=\limsup_{u\to+\infty}\frac{F(k,u)}{u^2}=\limsup_{u\to+\infty}(1+\varepsilon+\cos(2\varepsilon\ln|u|+1))=2+\varepsilon.$$

令 $T=3$, 对任意的 $k\in\mathbb{Z}(1,3)$, $p(k)=1$, 取充分小的 $\varepsilon>0$, 总有

$$\frac{1}{4+2\varepsilon}<\frac{\alpha}{3\varepsilon},$$

因此，对任意一个

$$\lambda \in \left(\frac{1}{4+2\varepsilon}, \frac{\alpha}{3\varepsilon} \right),$$

由推论 3.2.1 知，问题（3-26）存在一个无界无穷解序列 .

参考文献：

[1]Wang Z G，Zhou Z.Multiple solutions for boundary value problems of$p$-laplacian difference equations containing both advance and retardation[J]. Mathematical Problems in Engineering，2020，2020，8342735.

[2]Smets D，Willem M.Solitary waves with prescribed speed on infinite lattices[J]. Journal of Functional Analysis，1997，149（1）：266-275.

[3]Yu J S，Shi H P，Guo Z M.Homoclinic orbits for nonlinear difference equations containing both advance and retardation[J].Journal of Mathematical Analysis and Applications，2009，352（2）：799-806.

[4]Bonanno G，Molica B G.Infinitely many solutions for a boundary value problem with discontinuous nonlinearities[J].Boundary Value Problems，2009，670675：1-20.

[5]Jiang L Q，Zhou Z.Three solutions to Dirichlet boundary value problems for$p$-Laplacian difference equations[J].Advances in Difference Equations，2008，345916：1-10.

[6]Zhou Z，Yu J S，Guo Z M.Periodic solutions of higher-dimensional discrete systems[J].Proceedings of the Royal Society of Edinburgh：Section A Mathematics，2004，134（5）：1013-1022.

[7] 王振国 . 依赖参数的 2*n* 阶差分方程边值问题多个非平凡解的存在性 [J]. 数学物理学报，2022，42（3）：760-766.

3.3　Kirchhoff 型边值问题无穷小正解和无穷大正解的存在性

本节运用临界点理论研究如下一类 Kirchhoff 型离散边值问题无穷小正解和无穷大正解的存在性[1]:

$$\begin{cases} M(\|\boldsymbol{u}\|^p)(-\Delta\phi_p(\Delta u(k-1))) = f(k,u(k)), k\in\mathbb{Z}(1,T), \\ u(0)=u(T+1)=0, \end{cases} \tag{3-33}$$

其中，p 是 $\mathbb{Z}(1,T)=\{1,2,\dots,T\};\phi_p(s)=|s|^{p-2},s$ 是 $p-$ 拉普拉斯算子，$1<p<+\infty$；Δ 表示向前差分算子，对 $\forall k\in\mathbb{Z}(1,T)$, 定义

$$\Delta u(k)=u(k+1)-u(k),\ \Delta^2u(k)=\Delta(\Delta u(k)).$$

假设非线性项 $f(k,\cdot)\in C^1(\mathbb{R},\mathbb{R}), f(k,0)=0$ 和 Kirchhoff 型函数 $M(\cdot)\in C(\mathbb{R},\mathbb{R})$, 并且满足下列条件：

(G_1) 存在正实数列 $\{a_n\}$, 对 $\forall k\in\mathbb{Z}(1,T)$, 有 $f(k,a_n)<0$;

(G_2) 存在两个正实数 $m_0,m_1\in\mathbb{R}$, 当 $t\geqslant 0$ 时，有 $m_0\leqslant M(t)\leqslant m_1$.

Kirchhoff 型微分方程对物理学和生物动力学研究有着极大的帮助 . 例如：Wu 在 2011 年研究了如下带有势能项 V 的 Kirchhoff 型偏微分方程的高能量解序列存在性问题[2].

$$\begin{cases} -\left(a+b\int_{\mathbb{R}^n}|\nabla u|^2\,\mathrm{d}x\right)\Delta u+V(x)u=f(x,u), x\in\mathbb{R}^n, \\ u(\boldsymbol{x})\to 0, \|\boldsymbol{x}\|\to+\infty, \end{cases}$$

其中，常数 $a>0,\ b>0$.

另外，带有 $p-$ 拉普拉斯差分算子的差分方程解的存在性问题也是近年来重要研究内容之一 .2013 年，Iannizzotto 等人[3] 考虑了如下带有 $p-$ 拉普拉斯差分算子的差分方程的同宿轨问题：

$$\begin{cases} -\Delta(\varphi_p(\Delta u(k-1)))+b(k)u(k)\varphi_p(u(k))=\lambda f(k,u(k)), k\in\mathbb{Z}, \\ u(k)\to 0, |k|\to+\infty, \end{cases}$$

其中，$b\in\mathbb{Z}\to(0,+\infty);\lambda$ 是一正实参数 .

据作者所知，关于带有 p – 拉普拉斯差分算子的 Kirchhoff 型离散边值问题仅有少量的研究成果 . 例如：Chakrone 等人[4] 研究了如下带有 p – 拉普拉斯差分算子的 Kirchhoff 型方程至少有三个解的存在性：

$$\begin{cases} M(\|\boldsymbol{u}\|^p)(-\Delta\phi_p(\Delta u(k-1))) + q(k)\phi_p(u(k)) = \lambda f(k,u(k)), k \in \mathbb{Z}(1,T), \\ \Delta u(0) = \Delta u(T) = 0, \end{cases}$$

Heidarkhani 等人进一步证明了该方程有无穷多个解[5].

从近几年的研究文献可以看出，关于边值问题（3-33）的无穷小正解和无穷大正解的存在性还没有学者开展过研究 . 在本书中，我们通过给出合适的假设条件，运用临界点理论得到 Kirchhoff 型边值问题（3-33）在有限维的实 Banach 空间中存在无穷多个正解 .

3.3.1 预备工作

为了研究我们的主要结论，我们首先给出问题（3-33）的能量泛函及相关的定义和引理 .

令 E 为下面的一个向量空间：

$$E = \{u : \mathbb{Z}(0,T+1) \to \mathbb{R} \text{满足} u(0) = u(T+1) = 0\}.$$

其相应的范数为

$$\|\boldsymbol{u}\| = \left(\sum_{k=1}^{T+1} |\Delta u(k-1)|^p \right)^{\frac{1}{p}}.$$

另外，我们定义另一个等价范数

$$\|\boldsymbol{u}\|_\infty = \max_{k\in\mathbb{Z}(1,T)} \{|u(k)|\}.$$

从文献 [6] 引理 2.2，上面两范数有如下关系：

$$\|\boldsymbol{u}\|_\infty \leqslant \frac{(T+1)^{\frac{p-1}{p}}}{2} \|\boldsymbol{u}\|. \tag{3-34}$$

对任意的 $\boldsymbol{u} \in E$, 令

$$\Phi(\boldsymbol{u})=\frac{\hat{M}(\|\boldsymbol{u}\|^p)}{p},\Psi(\boldsymbol{u})=\sum_{k=1}^{T}F(k,u(k)),J(\boldsymbol{u})=\Phi(\boldsymbol{u})-\Psi(\boldsymbol{u}),$$

其中，

$$\hat{M}(t)=\int_0^t M(s)\mathrm{d}s,F(k,t)=\int_0^t f(k,s)\mathrm{d}s.$$

容易验证$J\in C^1(E,\mathbb{R})$,并且

$$\langle J'(\boldsymbol{u}),\boldsymbol{v}\rangle=\sum_{k=1}^{T+1}\Big(\hat{M}(\|\boldsymbol{u}\|^p)(-\phi_p(\Delta u(k-1)))-f(k,u(k))\Big)v(k),\boldsymbol{u},\boldsymbol{v}\in E.$$

从上式可知，当$\boldsymbol{u}\in E$是泛函$J(\boldsymbol{u})=\Phi(\boldsymbol{u})-\Psi(\boldsymbol{u})$的临界点当且仅当$\boldsymbol{u}$是问题（3-33）的解 .

3.3.2 主要结论

引理 3.3.1.

假设条件(G_1)成立，那么：

(a_1)泛函$J(u)$在E^{c_n}上有下界，并且存在$u_n\in E^{c_n}$使得$J(u_n)=\inf\limits_{u\in E^{c_n}}J(u)$;

(a_2)存在某个$b_n\in(0,c_n)$,对$k\in\mathbb{Z}(1,T)$,有$u_n(k)\in[0,b_n]$;

(a_3) u_n是$J(u)$的临界点 .

证明： (a_1)由 (G_1)知 , 一定存在两个正实数列$\{b_n\}$和$\{c_n\}$使得

$$0<c_{n+1}<b_n<a_n<c_n,$$

并且

$$f(k,t)\leqslant 0,t\in[b_n,c_n].$$

我们引入闭集

$$E^{c_n}=\{u\in E:0\leqslant u(k)\leqslant c_n,k\in\mathbb{Z}(1,T)\}.$$

由于E^{c_n}是有限维空间E中的闭集，并且J在该闭集上连续，则J在E^{c_n}上有下界，存在一点$u_n\in E^{c_n}$使得

$$J(u_n)=\inf_{u\in E^{c_n}}J(u).$$

(a_2) 令 $K=\{k\in\mathbb{Z}(1,T):u_n(k)\notin[0,b_n]\}$, 并假设 K 不是空集 .
定义截断的函数

$$\varphi(t)=\min\{t^+,b_n\},$$

这里

$$t^+=\max\{t,0\}.$$

令 $\omega_n=\varphi\circ u_n$.

因 $\omega_n(0)=\omega_n(T+1)=0$, 所以 $\omega_n\in E$.

进一步 , 对 $k\in\mathbb{Z}(1,T),\omega_n(k)\in[0,b_n]$, 因此， $\omega_n\in E^{c_n}$.

并且 $\omega(k)=u_n(k),k\in\mathbb{Z}(1,T)\setminus K$, 和 $\omega_n(k)=b_n,k\in K$.

进一步，有

$$\begin{aligned}J(\boldsymbol{\omega}_n)-J(\boldsymbol{u}_n)&=\frac{\hat{M}(\|\boldsymbol{u}_n\|^p)-\hat{M}(\|\boldsymbol{u}_n\|^p)}{p}-\sum_{k=1}^{T}(F(k,\omega_n(k))-F(k,u_n(k)))\\&=\frac{M(\theta)}{p}(\|\boldsymbol{\omega}_n\|^p-\|\boldsymbol{u}_n\|^p)-\sum_{k\in K}(F(k,b_n)-F(k,u_n(k)))\\&=\frac{M(\theta)}{p}I_1-I_2.\end{aligned}\tag{3-35}$$

由 φ 关于 t 是满足 Lipschitz 条件的，我们有

$$\begin{aligned}I_1&=\frac{M(\theta)}{p}\sum_{k=1}^{T+1}\left(|\Delta\omega_n(k-1)|^p-|\Delta u_n(k-1)|^p\right)\\&=\frac{M(\theta)}{p}\sum_{k=1}^{T+1}\left(|\omega_n(k)-\omega_n(k-1)|^p-|u_n(k)-u_n(k-1)|^p\right)\\&\leqslant 0.\end{aligned}\tag{3-36}$$

再由中值定理知，当 $k\in K$ 时,

$$(F(k,b_n)-F(k,u_n(k)))=f(k,\xi_k)(b_n-u_n(k))>0,\ \xi_k\in(b_n,u_n(k))\subset[b_n,c_n].$$

$$\begin{aligned}I_2&=\sum_{k\in K}(F(k,b_n)-F(k,u_n(k)))\\&=\sum_{k\in K}f(k,\xi_k)(b_n-u_n(k))\geqslant 0.\end{aligned}\tag{3-37}$$

从（3-36)、(3-37）和（3-35)，得到

$$J(\boldsymbol{\omega}_n)-J(\boldsymbol{u}_n)\leqslant 0.$$

另一方面，

$$J(\hat{\boldsymbol{\omega}}_n) \geqslant J(\boldsymbol{u}_n) = \inf_{u\in E^{c_n}} J(\boldsymbol{u}).$$

所以，

$$J(\boldsymbol{\omega}_n) - J(\boldsymbol{u}_n) = 0.$$

推出 I_2 只能是零，于是，当 $k \in K$ 时，$u_n(k) = b_n$. K 是一个空集，(a_2) 成立 .

(a_3) 任取 $v \in E$, 令 $|\varepsilon|$ 充分小，由 (a_2) 知，$\boldsymbol{u}_n + \varepsilon\boldsymbol{v} \in E^{c_n}$, 再由 (a_1) 可知，$\hat{J}(\varepsilon) = J(\boldsymbol{u}_n + \varepsilon\boldsymbol{v})$ 在 $\varepsilon = 0$ 处取到极小值，注意到 $\hat{J}(\varepsilon)$ 关于在 $\varepsilon = 0$ 点处可微，得到 $\hat{J}'(0) = 0$, 即 $\left\langle J'\left(u\_\{n\}\right), v\right\rangle = 0$.

令

$$B_0 = \min_{k\in\mathbb{Z}(1,T)}\left(\limsup_{\xi\to 0^+}\frac{F(k,\xi)}{|\xi|^p}\right) > 0;\ B_{+\infty} = \min_{k\in\mathbb{Z}(1,T)}\left(\limsup_{\xi\to +\infty}\frac{F(k,\xi)}{|\xi|^p}\right) > 0.$$

定理 3. 3. 1.

假设条件 (G_1) 成立且数列 $\lim\limits_{n\to+\infty} a_n = 0$, 那么，对任一 $B_0 > \dfrac{2m_1}{p}$, 问题（3-33）有无穷多个不相同的无穷小正解 .

证明： 由引理 3.1 可知，$\boldsymbol{u}_n \in E^{c_n}$ 是问题（\ref{1.1}）的无穷正解 .

若 $B_0 = +\infty$, 则存在

$$\beta > \frac{2m_1}{p} \text{ 和 } k_0 \in \mathbb{Z}(1,T)$$

使得

$$\limsup_{\xi\to 0^+}\frac{F(k_0,\xi)}{|\xi|^p} > \beta,$$

于是，一定有一个正实数列 $\{s_n\}$ 满足 $\lim\limits_{n\to+\infty} s_n = 0$, 并且当 $n \in \mathbb{N}$ 时，

$$F(k_0, s_n) > \beta |s_n|^p.$$

我们可以抽取 $\{s_n\}$ 的子列（仍记为 $\{s_n\}$）满足 $0 < s_n \leqslant a_n, n \in \mathbb{N}$. 定义 $\boldsymbol{v}_n \in E$, 其中，$v_n(k_0) = s_n, v_n(k) = 0, k \in \mathbb{Z}(1,T) \setminus \{k_0\}$.

$$\begin{aligned}J(\boldsymbol{v}_n)&=\frac{\hat{M}(\|\boldsymbol{v}_n\|^p)}{p}-\sum_{k=1}^{T}F(k,v_n(k))\\&=\frac{\hat{M}(2|s_n|^p)}{p}-F(k_0,s_n)\\&<\left(\frac{2m_1}{p}-\beta\right)|s_n|^p<0.\end{aligned}$$

若 $B_0<+\infty$, 取 $B_0-\dfrac{2m_1}{p}>\varepsilon>0$ 和 $k_0\in\mathbb{Z}(1,T)$ 使得

$$\limsup_{\xi\to0^+}\frac{F(k_0,\xi)}{|\xi|^p}>B_0-\varepsilon,$$

则一定存在一个正实数列 $\{s_n\}$ 满足 $\lim\limits_{n\to+\infty}s_n=0$ 和对所有的 $n\in\mathbb{N},0<s_n\leqslant a_n$, 并且当 $n\in\mathbb{N}$ 时，$F(k_0,s_n)>(B_0-\varepsilon)|s_n|^p$. 仍取 $\boldsymbol{v}_n\in E$, 有

$$\begin{aligned}J(\boldsymbol{v}_n)&=\frac{\hat{M}(\|\boldsymbol{v}_n\|^p)}{p}-\sum_{k=1}^{T}F(k,v_n(k))\\&=\frac{\hat{M}(2|s_n|^p)}{p}-F(k_0,s_n)\\&<\left(\frac{2m_1}{p}-B_0+\varepsilon\right)|s_n|^p<0.\end{aligned}$$

由于 $\boldsymbol{v}_n\in E^{s_n}\subset E^{c_n}$, 所以，我们有

$$J(\boldsymbol{u}_n)=\inf_{\boldsymbol{u}\in E^{c_n}}J(\boldsymbol{u})\leqslant J(\boldsymbol{v}_n)<0.\tag{3-38}$$

另一方面，有

$$\begin{aligned}J(\boldsymbol{u}_n)&=\frac{\hat{M}(\|\boldsymbol{u}_n\|^p)}{p}-\sum_{k=1}^{T}F(k,u_n(k))\\&\geqslant\frac{m_0}{p}\|\boldsymbol{u}_n\|^p-\sum_{k=1}^{T}\max_{t\in[0,b_n]}|f(k,t)|u_n(k)\qquad(3\text{-}39)\\&\geqslant -a_n\sum_{k=1}^{T}\max_{t\in[0,b_n]}|f(k,t)|.\end{aligned}$$

注意到 $\lim\limits_{n\to+\infty}a_n=0$, 再结合（3-38）和（3-39)，可知

$$\lim_{n\to+\infty} J(\boldsymbol{u}_n)=0. \tag{3-40}$$

从（3-38）和（3-40) 可以看出，问题（3-33）有无穷多个不相同的正解 . 从 (a_2) 和范数的等价性，可知该无穷解为无穷小正解 .

定理 3. 3. 2.

假设条件 (G_1) 成立且数列 $\lim\limits_{n\to+\infty} a_n=+\infty$, 那么，对任一 $B_{+\infty}>\dfrac{2m_1}{p}$ ，问题（3-35）有无穷多个不相同的无穷大正解 .

证明：由引理 3.1 知，不妨假设 $\hat{u}_n\in E^{c_n}$ 是问题（3-33）的无穷正解 .

若 $B_{+\infty}=+\infty$, 则存在 $\beta_1>\dfrac{2m_1}{p}$ 和 $k_0\in\mathbb{Z}(1,T)$ 使得

$$\limsup_{\xi\to+\infty}\frac{F(k_0,\xi)}{|\xi|^p}>\beta_1,$$

于是，一定有一个正实数列 $\{\overline{s}_n\}$ 满足 $\lim\limits_{n\to+\infty}\overline{s}_n=+\infty$, 并且当 $n\in\mathbb{N}$ 时，

$$F(k_0,\overline{s}_n)>\beta_1|\overline{s}_n|^p .$$

我们可以抽取 $\{\overline{s}_n\}$ 的子列（仍记为 $\{\overline{s}_n\}$ ）满足 $1<\overline{s}_n\leqslant a_n, n\in\mathbb{N}$. 仍定义 $\boldsymbol{v}_n\in E$, 其中， $v_n(k_0)=\overline{s}_n, v_n(k)=0, k\in\mathbb{Z}(1,T)\setminus\{k_0\}$.

$$\begin{aligned} J(\boldsymbol{v}_n)&=\frac{\hat{M}(\|\boldsymbol{v}_n\|^p)}{p}-\sum_{k=1}^{T}F(k,v_n(k))\\ &=\frac{\hat{M}(2|\overline{s}_n|^p)}{p}-F(k_0,\overline{s}_n)\\ &<\left(\frac{2m_1}{p}-\beta_1\right)|\overline{s}_n|^p . \end{aligned}$$

若 $B_{+\infty}<+\infty$, 取 $B_{+\infty}-\dfrac{2m_1}{p}>\varepsilon>0$ 和 $k_0\in\mathbb{Z}(1,T)$ 使得

$$\limsup_{\xi\to0^+}\frac{F(k_0,\xi)}{|\xi|^p}>B_{+\infty}-\varepsilon,$$

一定有一个正实数列 $\{\overline{s}_n\}$ 满足 $\lim\limits_{n\to+\infty}\overline{s}_n=+\infty$, 并且当 $n\in\mathbb{N}$ 时，

$F(k_0,\bar{s}_n)>(B_{+\infty}-\varepsilon)|\bar{s}_n|^p$. 同样我们可以抽取 $\{\bar{s}_n\}$ 的子列（仍记为 $\{\bar{s}_n\}$）满足 $1<\bar{s}_n\leqslant a_n, n\in\mathbb{N}$. 仍取 $\boldsymbol{v}_n\in E$, 有

$$J(\boldsymbol{v}_n)=\frac{\hat{M}(\|\boldsymbol{v}_n\|^p)}{p}-\sum_{k=1}^{T}F(k,v_n(k))$$
$$=\frac{\hat{M}(2|\bar{s}_n|^p)}{p}-F(k_0,\bar{s}_n)$$
$$<\left(\frac{2m_1}{p}-B_{+\infty}+\varepsilon\right)|\bar{s}_n|^p.$$

由于 $\boldsymbol{v}_n\in E^{\bar{s}_n}\subset E^{c_n}$, 所以，我们有

$$J(\boldsymbol{u}_n)=\inf_{u\in E^{c_n}}J(\boldsymbol{u})\leqslant J(\boldsymbol{v}_n)<\max\left\{\frac{2m_1}{p}-\beta_1,\frac{2m_1}{p}-B_{+\infty}+\varepsilon\right\}|\bar{s}_n|^p.$$

因此，有

$$\lim_{n\to+\infty}J(\boldsymbol{u}_n)=-\infty. \tag{3-41}$$

则问题（3-33）有无穷多个不相同的正解. 接下来证明该无穷多个正解范数是无穷大的. 若 $\|\boldsymbol{u}_n\|$ 是有界的，则存在一个正常数 $C>0$, 对所有的 $n\in\mathbb{N}$, 有

$$\|u_n\|\leqslant C.$$

再由（3-34) 知,

$$\|\boldsymbol{u}_n\|_\infty\leqslant\frac{(T+1)^{\frac{p-1}{p}}}{2}C,$$

于是，有

$$J(\boldsymbol{u}_n)=\frac{\hat{M}(\|\boldsymbol{u}_n\|^p)}{p}-\sum_{k=1}^{T}F(k,u_n(k))$$
$$\geqslant\frac{m_0}{p}\|\boldsymbol{u}_n\|^p-\sum_{k=1}^{T}\max_{t\in[0,b_n]}|f(k,t)|u_n(k)$$
$$\geqslant-\frac{(T+1)^{\frac{p-1}{p}}}{2}C\sum_{k=1}^{T}\max_{t\in[0,b_n]}|f(k,t)|.$$

上式显然和（3-41）矛盾，因此，问题（3-33）有无穷多个不相同的无穷大正解.

参考文献：

[1] 王振国 , Kirchhoff- 型边值问题无穷小正解和无穷大正解的存在性 [J].

[2]Wu X. Existence of nontrivial solutions and high energy solutions for Schrödinger–Kirchhoff-type equations in $\mathbb{R}^n$ [J].nonlinear anal real world appl,2011,12:1278-1287.

[3]Iannizzotto A, Tersian S. Multiple homoclinic solutions for the discrete $p-$ Laplacian via critical point theory[J]. Journal of Mathematical Analysis &Applications, 2013,403(1):173-182.

[4] Chakrone O, Hssini E M, Rahmani M, et al. Multiplicity results for a $p-$ Laplacian discrete problems of Kirchhoff type[J].Applied Mathematics Computation,2016,276:310-315.

[5]Heidarkhani S, Afrouzi G, Henderson J, et al. Variational approaches to $p-$ Laplacian discrete problems of Kirchhoff-type[J].Journal of difference equations and applications,2017,23(5):917-938.

[6]Jiang L Q, Zhou Z. Three solutions to Dirichlet boundary value problems for $p-$ Laplacian difference equations[J].Advances in Difference Equations, 2008,2008,345916.

[7]Jiang L Q, Zhou Z.Three solutions to Dirichlet boundary value problems for $p-$ Laplacian difference equations[J].Advances in Difference Equations,2008,2008,345916.

第4章　具有曲率算子的差分方程的周期解和正解

4.1　具有曲率算子的周期差分方程的周期解

考虑下面带曲率算子的差分方程的周期解[1]：

$$-\Delta\left(\phi_c(\Delta u(k-1))\right)+q(k)u(k)=\lambda f(k,u(k)),k\in\mathbb{Z}, \tag{4-1}$$

这里，λ 是一个正实数；T 是一个整数；$q(t):\mathbb{Z}\to\mathbb{R}^+$ 是 T 周期函数；对任一 $k\in\mathbb{Z}$，函数

$$f(t,\cdot)\in C^1(\mathbb{R},\mathbb{R})$$

满足

$$f(t,0)=0\text{ 和 }f(k,u)=f(k+T,u);$$

$\phi_c(s)=\dfrac{s}{\sqrt{1+\kappa s^2}}:\mathbb{R}\to\left(-\dfrac{1}{\sqrt{\kappa}},\dfrac{1}{\sqrt{\kappa}}\right)$ 是一个曲率算子，$\kappa>0$，关于曲率算子的背景，可见文献 [1-5].

因为上述差分方程是周期的，所以可以转化为以下周期边值问题：

$$\begin{cases}-\Delta\left(\phi_c(\Delta u(k-1))\right)+q(k)u(k)=\lambda f(k,u(k)),k\in\mathbb{Z}(1,T).\\ u(0)=u(T),u(1)=u(T+1),\end{cases} \tag{4-2}$$

4.1.1 预备工作

考虑 T 维 Banach 空间：

$$S=\{u:[0,T+1]\to\mathbb{R},u(0)=u(T),u(1)=u(T+1)\},$$

空间范数定义为

$$\|\boldsymbol{u}\|=\left(\sum_{k=1}^{T}|u(k)|^2\right)^{\frac{1}{2}}.$$

令 E 是一个有限维的实 Banach 空间，假设 $J_\lambda:E\to\mathbb{R}$ 是满足下面假设的一个泛函:

(H) 假设 λ 是一正实参数，$J_\lambda=\Phi(\boldsymbol{u})+\lambda\Psi(\boldsymbol{u}),\boldsymbol{u}\in E$, 这里 $\Phi,\Psi\in C^1(E,\mathbb{R}),\Phi$ 是强制的，即，

$$\lim_{\|\boldsymbol{u}\|\to\infty}\Phi(\boldsymbol{u})=+\infty.$$

令

$$\varphi_1(r)=\inf_{\boldsymbol{u}\in\Phi^{-1}(-\infty,r)}\frac{\Psi(\boldsymbol{u})-\inf\limits_{\boldsymbol{u}\in\Phi^{-1}(-\infty,r)}\Psi(\boldsymbol{u})}{r-\Phi(\boldsymbol{u})}$$

和

$$\varphi_2(r)=\inf_{\boldsymbol{u}\in\Phi^{-1}(-\infty,r)}\sup_{\boldsymbol{v}\in\Phi^{-1}(r,+\infty)}\frac{\Psi(\boldsymbol{u})-\Psi(\boldsymbol{v})}{\Phi(\boldsymbol{v})-\Phi(\boldsymbol{u})}.$$

引理 4.1.1[6]**:**

假设 (H) 和下面的条件是成立的，

(a_1) 对每任一 $\lambda>0$, 泛函 $J_\lambda=\Phi(u)+\lambda\Psi(u)$ 满足 P.S. 条件，并且是有下界的；

(a_2) 存在 $r>\inf\limits_{E}\Phi$ 使得 $\varphi_1(r)<\varphi_2(r)$, 那么，对 $\lambda\in\left(\frac{1}{\varphi_2(r)},\frac{1}{\varphi_1(r)}\right)$,$J_\lambda$ 有至少三个临界点 .

当 $\boldsymbol{u}\in S$，令

$$\Phi(\boldsymbol{u})=\sum_{k=1}^{T}\left(\left(\frac{\sqrt{1+\kappa(\Delta u(k))^2}-1}{\kappa}\right)+\frac{q(k)u(k)^2}{2}\right),\Psi(\boldsymbol{u})=-\sum_{k=1}^{T}F(k,u(k)),\quad(4\text{-}3)$$

和

$$J_\lambda(\boldsymbol{u})=\Phi(\boldsymbol{u})+\lambda\Psi(\boldsymbol{u}),\quad(4\text{-}4)$$

这里

$$F(k,\xi)=\int_0^{\xi} f(k,s)\mathrm{d}s,(k,\xi)\in\mathbb{Z}(1,T)\times\mathbb{R},$$

那么$J_\lambda\in C^1(S,\mathbb{R})$. 使用$u(0)=u(T),u(1)=u(T+1)$, 我们能计算下面的 Frećhet 导数:

$$\langle J_\lambda'(\boldsymbol{u}),\boldsymbol{v}\rangle=\sum_{k=1}^{T}\Big(-\Delta\big(\phi_c(\Delta u(k-1))\big)+q(k)u(k)-\lambda f(k,u(k))\Big)v(k),k\in\mathbb{Z}(1,T),\boldsymbol{u},\boldsymbol{v}\in S.$$

我们注意到J_λ的临界点对应问题（4-2）的解 .

引理 4.1.2:

假设满足条件(i): 存在一个正常数$q\in[1,2]$使得

$$\limsup_{|\xi|\to\infty}\frac{F(k,\xi)}{|\xi|^q}=0,\ \forall k\in\mathbb{Z}(1,T).$$

那么，J_λ满足 P.S. 条件，并且在S上是强制的 .

证明:

任取序列$\{\boldsymbol{u}_n\}\subset S$, 并且满足$\{J_\lambda(\boldsymbol{u}_n)\}$是有界的和当$n\to+\infty$时，$J_\lambda'(\boldsymbol{u}_n)\to 0$. 那么存在一个正常数$C\in\mathbb{R}$使得$|J_\lambda(\boldsymbol{u}_n)|\leqslant C$，下面用反证法证明序列$\{\boldsymbol{u}_n\}$是有界的 .

首先，我们假设当$n\to\infty$时，$\|u_n\|\to+\infty$，从条件(i)知，我们取$\varepsilon\in\left(0,\dfrac{q_*}{2\lambda}\right)$，则存在$M>0$使得

$$|F(k,\xi)|\leqslant\varepsilon|\xi|^q+M,k\in\mathbb{Z}(1,T),\xi\in\mathbb{R},\tag{4-5}$$

这里，$q_*=\min\limits_{k\in\mathbb{Z}(1,T)}q(k)$. 因此，我们有

$$\begin{aligned}C\geqslant J_\lambda(\boldsymbol{u}_n)&=\sum_{k=1}^{T}\left(\left(\frac{\sqrt{1+\kappa(\Delta u_n(k))^2}-1}{\kappa}\right)+\frac{q(k)(u_n(k))^2}{2}\right)-\lambda\sum_{k=1}^{T}F(k,u_n(k))\\&\geqslant\sum_{k=1}^{T}\frac{(\Delta u_n(k))^2}{2\sqrt{1+\kappa(\Delta u_n(k))^2}}+\frac{q_*}{2}\sum_{k=1}^{T}|u_n(k)|^2-\varepsilon\lambda\sum_{k=1}^{T}|u_n(k)|^q-\lambda MT\\&\geqslant\frac{q_*}{2}\|\boldsymbol{u}_n\|^2-\varepsilon\lambda(T)^{\frac{2-q}{2}}\|\boldsymbol{u}_n\|^q-\lambda MT-\frac{T}{\sqrt{2\kappa}}\to+\infty,n\to\infty.\end{aligned}$$

这是与 $|J_\lambda(\boldsymbol{u}_n)|\leqslant C$ 矛盾的，因此，序列 $\{\boldsymbol{u}_n\}$ 在 S 上是有界的，由 Bolzano-Weierstrass 定理暗示 $\{\boldsymbol{u}_n\}$ 有一个收敛的子列 .

进一步，$J_\lambda(\boldsymbol{u})\geqslant\frac{q_*}{2}\|\boldsymbol{u}\|^2-\varepsilon\lambda(T)^{\frac{2-q}{2}}\|\boldsymbol{u}\|^q-\lambda MT-\frac{T}{\sqrt{2\kappa}}\to+\infty,\|\boldsymbol{u}\|\to\infty$. J_λ 在 S 上是强制的 .

4.1.2 主要结论

令

$$q^*=\max_{k\in\mathbb{Z}(1,T)}q(k),Q=\sum_{k=1}^{T}q(k).$$

定理 4.1.1：

假设满足条件 (i)，并且存在两个正常数 c 和 d 满足 $0<\sqrt{\frac{4+q^*}{Q}}c<d$，同时满足

$$\frac{\sum_{k=1}^{T}\max_{|\xi|\leqslant c}F(k,\xi)}{c^2}<\frac{4+q^*}{Q}\frac{\sum_{k=1}^{T}F(k,d)-\sum_{k=1}^{T}\max_{|\xi|\leqslant c}F(k,\xi)}{d^2},\tag{4-6}$$

那么，对

$$\lambda\in\left(\frac{Q}{2}\frac{d^2}{\sum_{k=1}^{T}F(k,d)-\sum_{k=1}^{T}\max_{|\xi|\leqslant c}F(k,\xi)},\frac{4+q^*}{2}\frac{c^2}{\sum_{k=1}^{T}\max_{|\xi|\leqslant c}F(k,\xi)}\right),$$

问题（4-2）至少有三个周期解 .

证明：

我们取上面（4-4）中定义的 Φ 和 Ψ，容易验证 Φ 和 Ψ 是满足条件 (H) 中的要求的，另外，从引理 4.1.2 看出引理 4.1.1 中的条件 (a_1) 是满足的，剩下验证条件 (a_2) .

令 $r=\dfrac{(4+q^*)c^2}{2}$. 任取 $\boldsymbol{u}\in S$，我们有

$$\sum_{k=1}^{T}(\Delta u(k))^2\leqslant\sum_{k=1}^{T}(|u(k+1)|+|u(k)|)^2\leqslant 2\left(\sum_{k=1}^{T}|u(k+1)|^2+\sum_{t=1}^{T}|u(k)|^2\right)\leqslant 4\|\boldsymbol{u}\|^2,$$

因此，

$$\begin{aligned}\Phi(\boldsymbol{u})&=\sum_{k=1}^{T}\left(\left(\frac{\sqrt{1+\kappa(\Delta u(k))^2}-1}{\kappa}\right)+\frac{q(k)u(k)^2}{2}\right)\\&\leqslant\sum_{k=1}^{T}\frac{(\Delta u(k))^2}{\sqrt{1+\kappa(\Delta u(k))^2}+1}+\frac{q^*}{2}\|\boldsymbol{u}\|^2\\&\leqslant\frac{1}{2}\sum_{k=1}^{T}(\Delta u(k))^2+\frac{q^*}{2}\|\boldsymbol{u}\|^2\\&\leqslant\frac{4+q^*}{2}\|\boldsymbol{u}\|^2.\end{aligned}$$

如果 $\dfrac{4+q^*}{2}\|\boldsymbol{u}\|^2<r$, 那么，有

$$|u(k)|\leqslant\max_{j\in\mathbb{Z}(1,T)}\{|u(j)|\}\leqslant\|\boldsymbol{u}\|<\left(\frac{2r}{4+q^*}\right)^{\frac{1}{2}}=c,\ k\in\mathbb{Z}(1,T).\tag{4-7}$$

通过（4-7），我们得到

$$\begin{aligned}\varphi_1(r)&=\inf_{\boldsymbol{u}\in\Phi^{-1}(-\infty,r)}\frac{\Psi(\boldsymbol{u})-\inf\limits_{u\in\Phi^{-1}(-\infty,r)}\Psi(\boldsymbol{u})}{r-\Phi(u)}\\&\leqslant\frac{-\inf\limits_{\boldsymbol{u}\in\Phi^{-1}(-\infty,r)}\Psi(\boldsymbol{u})}{r}\\&\leqslant\frac{\sum\limits_{k=1}^{T}\max\limits_{|\xi|\leqslant c}F(k,\xi)}{\dfrac{(4+q^*)c^2}{2}}\\&\leqslant\frac{2}{4+q^*}\frac{\sum\limits_{k=1}^{T}\max\limits_{|\xi|\leqslant c}F(k,\xi)}{c^2}.\end{aligned}$$

取 $w(k)=d$，$k\in\mathbb{Z}(0,T+1)$，$w\subset S$，因为 $d>\sqrt{\frac{4+q^*}{Q}}c$, 我们有

$$\Phi(w)=\frac{Q}{2}d^2>\frac{4+q^*}{2}c^2=r.$$

于是，有

$$\begin{aligned}\varphi_2(r)&=\inf_{u\in\Phi^{-1}(-\infty,r)}\sup_{v\in\Phi^{-1}(r,+\infty)}\frac{\Psi(u)-\Psi(v)}{\Phi(v)-\Phi(u)}\\&\geqslant\inf_{u\in\Phi^{-1}(-\infty,r)}\frac{\sum_{k=1}^{T}F(t,d)-\sum_{k=1}^{T}\max_{|\xi|\leqslant c}F(t,\xi)}{\frac{Q}{2}d^2-\Phi(u)}\\&>\frac{2}{Q}\frac{\sum_{k=1}^{T}F(k,d)-\sum_{k=1}^{T}\max_{|\xi|\leqslant c}F(k,\xi)}{d^2}.\end{aligned}\tag{4-8}$$

借助于（4-6），有 $\varphi_1(r)<\varphi_2(r)$.

注 4.1.1：

如果 $f(k,\cdot):\mathbb{R}\to\mathbb{R}$ 是一个连续的奇函数，并且定理 4.1.1 的条件成立，那么问题（4-2）至少有五个周期解 .

推论 4.1.1：

如果 (i) 成立，并且存在两个正数 $0<c<d$ 使得

$$\frac{F(k,\xi)}{c^2}<\frac{q^*}{2Q}\frac{F(k,d)}{d^2},\xi\in[-c,c],k\in\mathbb{Z}(1,T).\tag{4-9}$$

那么，

$$\lambda\in\left(\frac{Q}{2}\frac{d^2}{\sum_{k=1}^{T}F(k,d)-\sum_{k=1}^{T}\max_{|\xi|\leqslant c}F(k,\xi)},\frac{4+q^*}{2}\frac{c^2}{\sum_{k=1}^{T}\max_{|\xi|\leqslant c}F(k,\xi)}\right),$$

问题（4-2）至少有三个周期解 .

证明：

事实上，由 $0<c<d$ 和（4-9），我们得到

$$
\begin{aligned}
\frac{\sum_{k=1}^{T}\max_{|\xi|\leqslant c}F(k,\xi)}{c^2} &\leqslant \frac{q^*}{2Q}\frac{\sum_{k=1}^{T}F(k,d)}{d^2} \\
&< \frac{q^*}{Q}\frac{\sum_{k=1}^{T}F(k,d)}{d^2}-\frac{\sum_{k=1}^{T}\max_{|\xi|\leqslant c}F(k,\xi)}{d^2} \\
&< \frac{q^*}{Q}\frac{\sum_{k=1}^{T}F(k,d)-\frac{Q}{q^*}\sum_{k=1}^{T}\max_{|\xi|\leqslant c}F(k,\xi)}{d^2} \\
&< \frac{4+q^*}{Q}\frac{\sum_{k=1}^{T}F(k,d)-\sum_{k=1}^{T}\max_{|\xi|\leqslant c}F(k,\xi)}{d^2},
\end{aligned}
$$

由定理 4.1.1 可得推论结论 .

定理 4.1.2：

令 $\boldsymbol{u}\in S$，若存在两个正常数 c 和 d 满足 $0<\sqrt{\frac{4+q^*}{Q}}c<d$ 和条件 (i); 进一步，我们假设

$$(\text{ii})\max_{|\xi|\leqslant c}F(k,\xi)\leqslant 0, k\in\mathbb{Z}(1,T);$$

$$(\text{iii})\sum_{k=1}^{T}F(k,d)>0.$$

那么，对任一

$$\lambda\in\left(\frac{Q}{2}\frac{d^2}{\sum_{k=1}^{T}F(k,d)},+\infty\right),$$

问题（4-2）至少有三个周期解 .

证明：

从条件 (ii)，对 $k\in\mathbb{Z}(1,T)$，有 $f(k,0)=0$，

仍令

$$r=\frac{(4+q^{*})c^{2}}{2},$$

从

$$\Phi(\boldsymbol{u})\leqslant\frac{4+q^{*}}{2}\|\boldsymbol{u}\|^{2}<r$$

可推得

$$\max_{k\in\mathbb{Z}(1,T)}\{|u(k)|\}<c .$$

由 (ii)，我们得到

$$\inf_{\Phi^{-1}(-\infty,r)}\Psi=0,$$

这暗示 $\varphi_1(r)=0$，仍选定理 4.1.1 中的 $w\subset S$，有

$$\begin{aligned}\varphi_2(r)&=\inf_{\boldsymbol{u}\in\Phi^{-1}(-\infty,r)}\sup_{\boldsymbol{v}\in\Phi^{-1}(r,+\infty)}\frac{\Psi(\boldsymbol{u})-\Psi(\boldsymbol{v})}{\Phi(\boldsymbol{v})-\Phi(\boldsymbol{u})}\\&\geqslant\inf_{\boldsymbol{u}\in\Phi^{-1}(-\infty,r)}\frac{\sum\limits_{k=1}^{T}F(k,d)-\sum\limits_{k=1}^{T}\max\limits_{|\xi|\leqslant c}\int_0^{\xi}f(k,s)\mathrm{d}s}{\frac{Q}{2}d^2-\Phi(\boldsymbol{u})}\\&>\frac{2}{Q}\frac{\sum\limits_{k=1}^{T}F(k,d)}{d^2}>0.\end{aligned}\tag{4-10}$$

于是 $\varphi_1(r)=0<\varphi_2(r)$，由引理 4.1.1，我们知道当 $\lambda\in\left(Qd^2/2\sum\limits_{k=1}^{T}F(k,d),+\infty\right)$ 时，问题（4-2）至少有两个非平凡的周期解 .

例子 4.1.1：

问题（4-2）非线性项取

$$f(k,u)=\begin{cases}0, & \text{如果}u<-1,\\ \frac{\pi}{2}\cos^2\left(\frac{\pi k}{T}\right)\cos(\frac{\pi}{2}u), & \text{如果}|u|\leqslant 1,\ k\in\mathbb{Z}(1,T),\\ \mathrm{e}^{-u}u^3(4-u)-3\mathrm{e}^{-1}, & \text{如果}u>1,\end{cases}$$

显然，$f(k,u)=f(k+T,u)$.

则

$$F(k,u)=\begin{cases}-\cos^2\left(\dfrac{\pi k}{T}\right),\text{如果}u<-1,\\ \cos^2\left(\dfrac{\pi k}{T}\right)\sin\left(\dfrac{\pi}{2}u\right),\text{如果}\ |u|\leqslant 1,\\ \mathrm{e}^{\ u}u^4-3e^{\ 1}u+\cos^2\left(\dfrac{\pi k}{T}\right)+2\mathrm{e}^{-1},\ \text{如果}u>1.\end{cases}$$

对 $k\in\mathbb{Z}(1,T)$，取 $q=2$，验证条件 (i) 和

$$\limsup_{u\to+\infty}\frac{F(k,u)}{|u|^2}=\lim_{u\to+\infty}\frac{\mathrm{e}^{-u}u^4-3\mathrm{e}^{-1}u+\cos^2\left(\dfrac{\pi k}{T}\right)+2\mathrm{e}^{-1}}{|u|^2}\to 0$$

另外，令

$T=2,Q=1$，$q^*=\dfrac{1}{2},\kappa=1,c=1$ 和 $d=3$，

有

$$0<\sqrt{\frac{4+q^*}{Q}}c=\frac{3\sqrt{2}}{2}<d=3\ .$$

因此，

$$\frac{\sum\limits_{k=1}^{2}\max\limits_{|\xi|\leqslant 1}F(k,\xi)}{1^2}=1<\frac{9}{2}\frac{\sum\limits_{k=1}^{2}F(k,3)-\sum\limits_{k=1}^{2}\max\limits_{|\xi|\leqslant 1}F(k,\xi)}{3^2}=3^4\cdot\mathrm{e}^{-3}-7\cdot\mathrm{e}^{-1}\approx 1.4.$$

定理 4.1.1 的所有条件满足，我们注意到 $f(2,0)=\dfrac{\pi}{2}\neq 0$，则当 $\lambda\in\left(\dfrac{45}{28},\dfrac{9}{4}\right)$ 时，问题（4-2）至少有三个非平凡的周期解 .

参考文献:

[1]Wang Z G，Li Q Y.Multiple periodic solutions for discrete boundary value problem involving the mean curvature operator[J].Open Mathematics，2022，20，1–8.

[2]Habets P，Omari P.Multiple positive solutions of a one-dimensional prescribed

mean curvature problem[J].Communications in Contemporary Mathematics,2007，9（5）：701-730.

[3]Mawhin J.Periodic solutions of second order nonlinear difference systems with φ-Laplacian：a variational approach[J].Nonlinear Analysis，2012，75，4672-4687.

[4]Lu Y Q，Ma R Y，Gao H L.Existence and multiplicity of positive solutions for one-dimensional prescribed mean curvature equations[J].Boundary Value Problems，2014，2014（1），120.

[5]Bonanno G，Livrea R，Mawhin J.Existence results for parametric boundary value problems involving the mean curvature operator[J].Nonlinear differential equations and applications，2015，22，411-426.

[6]Averna D，Bonanno G.A three critical points theorem and its applications to the ordinary Dirichlet problem[J].Topological methods in nonlinear analysis，2003，22(1)，93-103.

4.2　具有曲率算子的差分方程的正解

本节我们继续研究下面边值的正解问题[1]：

$$\begin{cases}-\Delta\left(\phi_c(\Delta u(k-1))\right)+q(k)u(k)=\lambda f(k,u(k)), k\in\mathbb{Z}(1,T)\\ u(0)=u(T+1)=0,\end{cases}\qquad (4\text{-}11)$$

假设f满足下列条件：

(a_1) 对于 $k\in\mathbb{Z}(1,T), f(k,\cdot):\mathbb{R}\to\mathbb{R}$ 是一连续函数且 $f(k,0)=0$；

(a_2) $\liminf\limits_{\xi\to+\infty} f(k,\xi)<0$，而且存在一个正常数 α，对所有的

$$(k,\xi)\in\mathbb{Z}(1,T)\times(0,\alpha),\ 0<f(k,\xi);$$

(a_3) 对于 $k\in\mathbb{Z}(1,T), f(k,\xi)$ 关于 ξ 是奇函数 .

令

$$f(k,\xi)=\sin\xi,(k,\xi)\in\mathbb{Z}(1,T)\times\mathbb{R}.$$

显然 $\sin\xi$ 在 $\mathbb{R}$ 上是连续的，取 $\alpha=\frac{\pi}{4}$，我们有

$$\liminf_{\xi\to+\infty}\sin\xi=-1<0\text{和}0<\sin\xi,\xi\in(0,\frac{\pi}{4}).$$

$(a_1)\sim(a_3)$ 是成立 .

4.2.1 预备工作

考虑 T 维实 Banach 空间：

$$E=\{u:[0,T+1]\to\mathbb{R}\text{且}u(0)=u(T+1)=0\},$$

并定义范数：

$$\|\boldsymbol{u}\|=\left(\sum_{k=0}^{T}|\Delta u(k)|^2\right)^{\frac{1}{2}}.$$

定义 E 上另外两个等价范数，

$$\|\boldsymbol{u}\|_2=\left(\sum_{k=1}^{T}|u(k)|^2\right)^{\frac{1}{2}}$$

和

$$\|\boldsymbol{u}\|_\infty=\max_{k\in\mathbb{Z}(1,T)}\{|u(k)|\}.$$

设 θ 是 E 中零元素，令 Σ 是满足下列条件的集合族：$A\subset E\setminus\{\theta\}$，其中，$A$ 是 E 中的闭集，并且关于 θ 对称，显然，若 $\boldsymbol{u}\in A$，则 $-\boldsymbol{u}\in A$.

引理 4.2.1[2-3]**：**

令 E 是一个实 Banach 空间，设 $J\in C^1(E,\mathbb{R})$ 是有下界的偶函数且 $J(\theta)=0$. 假设 J 满足 P.S. 条件，并存在集合 $K\in\Sigma$ 是同胚于 S^{j-1}，且有 $\sup_K J<0$，则 J 至少有 j 对不同的临界点 .

为了证明正解的存在性，我们先给出下面的比较原则 .

引理 4.2.2：

令 $\boldsymbol{u},\boldsymbol{v}\in E$，如果

$$-\Delta(\phi_c(\Delta u(k-1)))+q(k)u(k)\geqslant-\Delta(\phi_c(\Delta v(k-1)))+q(k)v(k),k\in\mathbb{Z}(1,T) \quad (4\text{-}12)$$

那么，$\boldsymbol{u}\geqslant\boldsymbol{v}$.

证明：

如果结论不成立，则一定存在某个 $j_0\in\mathbb{Z}(1,T)$ 使得 $u(j_0)<v(j_0)$. 设 $j:=\max\left\{j_0\mid j_0\in\mathbb{Z}(1,T)且u\left(j_0\right)<v\left(j_0\right)\right\}$, 若 $u(j-1)>v(j-1)$，由 $\phi_c(s)$ 关于 s 是单调增加的，我们有

$$-\Delta(\phi_c(\Delta u(j-1)))+q(j)u(j)<-\Delta(\phi_c(\Delta v(j-1)))+q(j)v(j), \quad (4\text{-}13)$$

它是与（4-12）矛盾的 .

当 $u(j-1)\leqslant v(j-1)$，若 $u(j)-u(j-1)<v(j)-v(j-1)$，则有（4-13）与（4-12）矛盾 . 因此考虑 $u(j)-u(j-1)>v(j)-v(j-1)$，首先, 我们假设 $u(j-2)>v(j-2)$，则

$$-\Delta(\phi_c(\Delta u(j-2)))+q(j-1)u(j-1)<-\Delta(\phi_c(\Delta v(j-2)))+q(j-1)v(j-1). \quad (4\text{-}14)$$

如果 $u(j-2)\leqslant v(j-2)$ 和 $u(j-1)-u(j-2)<v(j-1)-v(j-2)$，我们得到（4-14)，再次与（4-12）矛盾 . 那么要使 $u(j)<v(j)$，只能是 $u(j-2)\leqslant v(j-2)$ 和 $u(j-1)-u(j-2)>v(j-1)-v(j-2)$ 的情形 .

重复上述过程，则要使 $u(j)<v(j)$ 当且仅当 $u(2)\leqslant v(2)$ 和 $u(3)-u(2)>v(3)-v(2)$，在这种情形下，若 $u(1)>v(1)$，或 $u(1)\leqslant v(1)$ 且 $u(2)-u(1)<v(2)-v(1)$，有

$$-\Delta(\phi_c(\Delta u(1)))+q(2)u(2)<-\Delta(\phi_c(\Delta v(1)))+q(2)v(2), \quad (4\text{-}15)$$

它是和（4-12）矛盾的，若 $u(1)\leqslant v(1)$ 且 $u(2)-u(1)>v(2)-v(1)$，我们有

$$-\Delta(\phi_c(\Delta u(0)))+q(1)u(1)<-\Delta(\phi_c(\Delta v(0)))+q(1)v(1), \quad (4\text{-}16)$$

这也是与（4-12）矛盾的，因此 $u(j)\geqslant v(j)$.

引理 4.2.3：

设 $u\in E$，若

$$-\Delta(\phi_c(\Delta u(k-1)))+q(k)u(k)\geqslant 0,$$
$$u(k)=0,u(k\pm 1)\geqslant 0,$$

那么，$u(k\pm 1)=0$.

证明：

由上面的假设，我们有

$$0\leqslant\phi_c(\Delta u(k))\leqslant\phi_c(\Delta u(k-1))\leqslant 0,\ \Delta u(k)\geqslant 0,\Delta u(k-1)\leqslant 0.$$

由 ϕ_c 的单调性知，$u(k\pm 1)=0$，特别地，在引理 4.2.2 中，若 $v=0$，则由上述两引理得到强比较原则 .

引理 4.2.4：

令 $u\in E$，若 $u\neq\theta$ 和 $-\Delta(\phi_c(\Delta u(k-1)))+q(k)u(k)\geqslant 0,k\in\mathbb{Z}(1,T),$ 那么，$u>0$.

引理 4.2.5：

设 $u\in E$，对某个 $j\in\mathbb{Z}(1,T)$，若 $u(j)\leqslant 0$ 且

$$-\Delta(\phi_c(\Delta u(j-1)))+q(j)u(j)\geqslant 0\,, \tag{4-17}$$

那么，$u>0$ 或 $u=0$.

证明：

设 u 是满足（4-17）的非零函数，假设 $j=1$ 和 $u(1)\leqslant 0$，通过（4-17），有

$$0\geqslant\frac{u(1)}{\sqrt{1+\kappa u(1)^2}}+q(1)u(1)\geqslant\frac{u(2)-u(1)}{\sqrt{1+\kappa(\Delta u(1))^2}}\ .$$

因此，$u(2)\leqslant u(1)\leqslant 0$，两次使用（4-17）有 $u(3)\leqslant u(2)\leqslant 0$. 如此下去，我们有 $u(T)\leqslant u(T-1)\leqslant\cdots\leqslant u(3)\leqslant u(2)\leqslant u(1)\leqslant 0$，如果 $u(T)=0$，则 $u=0$，矛盾 . 如果 $u(T)<0$，（2.21）和 $j=T$，则有

$$0\geqslant\frac{u(T)-u(T-1)}{\sqrt{1+\kappa(\Delta u(T-1))^2}}+q(T)u(T)\geqslant\frac{-u(T)}{\sqrt{1+\kappa u(T)^2}}>0\,, \tag{4-18}$$

这是不可能的，因此 $u(1)>0$，类似 $u(T)<0\leqslant u(T-1)$ 的讨论，如果 $u(2)<0$，则 $u(T)<0$，但是从（4-18）有 $u(T)=0$. 所以只能 $u(2)\geqslant 0$，重复上面的计算，有

$u(3)\geqslant 0$ ，$u(4)\geqslant 0$ ，$\cdots,u(T-1)\geqslant 0$.

现在我们证明 $u(T)\geqslant 0$ ，假设 $u(T)<0$ ，则 $u(T)<0\leqslant u(T-1)$,

且由式子（4-17）有（4-18）推出 $u(T)=0$ ，因此 $u(T)\geqslant 0$.

此时我们有 $u(1)>0$ 和 $u(j)\geqslant 0$ ，$j\in\mathbb{Z}(2,T)$ ，进一步，若 $u(2)=0$ ，有

$$0>\frac{-u(1)}{\sqrt{1+\kappa u(1)^2}}\geqslant\frac{u(3)}{\sqrt{1+\kappa u(3)^2}}\geqslant 0,$$

这与 $u(1)>0$ 矛盾 . 类似讨论，我们得到

$$u(3)>0,\quad u(4)>0,\quad\cdots,\quad u(T-1)>0 .$$

如果 $u(T)=0$ ，则 $0>\dfrac{-u(T-1)}{\sqrt{1+\kappa u(T-1)^2}}\geqslant 0$ ，得到 $u(T-1)=0$ ，这显然是不可能的，因此，$u>0$.

4.2.2 主要结论

定理 4.2.1：

假设 $(\mathrm{a}_1)-(\mathrm{a}_3)$ 成立，那么存在一个正常数 $\bar{\lambda}$ ，当 $\lambda>\bar{\lambda}$ 时，问题（4-11）至少有 T 对非平凡解 . 进一步，存在一个正常数 M 使得每一个 $\boldsymbol{u}$ 满足 $\|\boldsymbol{u}\|_\infty\leqslant M$.

证明：

由条件 (a_2) ，存在一个满足 $\lim\limits_{n\to\infty}d_n=+\infty$ 的正实数序列 $\{d_n\}$ ，使得

$$\lim_{n\to+\infty}f(k,d_n)<0,\ k\in\mathbb{Z}(1,T)$$

我们能找到一个正整数 n_0 使得 $M=d_{n_0}>\alpha$ 和 $f(k,M)<0$. 首先，我们考虑下面边值问题

$$\begin{cases}-\Delta\big(\phi_c(\Delta u(k-1))\big)+q(k)u(k)=\lambda\hat{f}(k,u(k)),k\in\mathbb{Z}(1,T),\\ u(0)=u(T+1)=0,\end{cases}\tag{4-19}$$

这里 $\hat{f}(k,\xi)$ 定义如下：

$$\hat{f}(k,\xi)=\begin{cases} f(k,M),\text{如果}\xi>M, \\ f(k,\xi),\text{如果}|\xi|\leqslant M, \\ f(k,-M),\text{如果}\xi<-M. \end{cases}$$

我们将证明如果 $\boldsymbol{u}$ 是问题（4-19）的解，则 $\|\boldsymbol{u}\|_\infty\leqslant M$，并且 $\boldsymbol{u}$ 是问题（4-11）的一个解．如果存在一个 $k_0\in\mathbb{Z}(1,T)$ 使得 $|u(k_0)|>M$ 且当 $k\in\mathbb{Z}(1,k_0-1)$ 时，$|u(k)|\leqslant M$．

当 $u(k_0)>M$，则 $\hat{f}(k,u(k_0))=f(k,M)<0$，我们有

$$-\Delta\left(\phi_c(\Delta u(k_0-1))\right)+q(k_0)u(k_0)<0,$$

或

$$\frac{u(k_0)-u(k_0+1)}{\sqrt{1+\kappa(\Delta u(k_0))^2}}<-\frac{u(k_0)-u(k_0-1)}{\sqrt{1+\kappa(\Delta u(k_0-1))^2}}-q(k_0)u(k_0)<0.$$

上式暗示 $u(k_0+1)>u(k_0)>M$，重复上述过程，$u(k)>u(k-1)>M$，$k\in\mathbb{Z}(k_0+1,\mathrm{T})$．

进一步，推出 $0=u(T+1)>u(T)>M$，这出现矛盾，如果 $u(k_0)<-M$，同样能推出矛盾，因此，$\|\boldsymbol{u}\|_\infty\leqslant M$．定义 E 上的泛函 $\hat{J}$：

$$\hat{J}(\boldsymbol{u})=\sum_{k=0}^{T}\left(\left(\frac{\sqrt{1+\kappa(\Delta u(k))^2}-1}{\kappa}\right)+\frac{q(k)u^2(k)}{2}\right)-\lambda\sum_{k=1}^{T}\hat{F}(k,u(k)),\quad（4-20）$$

这里 $\hat{F}(k,\xi)=\int_0^\xi\hat{f}(k,s)\mathrm{d}s$，容易验证 $\hat{J}\in C^1(E,\mathbb{R})$ 且是偶函数，利用 $u(0)=u(T+1)=0$，我们计算 Frećhet 导数：

$$\langle\hat{J}'(\boldsymbol{u}),\boldsymbol{v}\rangle=\sum_{k=1}^{T}\left(-\Delta\left(\phi_c(\Delta u(k-1))\right)+q(k)u(k)-\lambda\hat{f}(k,u(k))\right)v(k),\boldsymbol{u},\boldsymbol{v}\in E.$$

清楚地，$\hat{J}$ 的临界点对应问题（4-19）的解．利用引理 4.2.1，我们将证明 $\hat{J}$ 有至少 T 对不同的临界点．

任取序列 $\{\boldsymbol{u}_n\}\subset E$ 使得 $\{\hat{J}(u_n)\}$ 是有界的且当 $n\to+\infty$ 时，$\hat{J}'(\boldsymbol{u}_n)\to 0$．下面证明 $\{\boldsymbol{u}_n\}$ 是有界的，事实上，存在一个正数 $C\in\mathbb{R}$ 使得 $|\hat{J}(\boldsymbol{u}_n)|\leqslant C.$，因 E 有限维

Banach 空间，则对任意的 $\boldsymbol{u}\in E$，有 $\|\boldsymbol{u}\|_2\leqslant\|\boldsymbol{u}\|\leqslant 2\|\boldsymbol{u}\|_2$（见文献[3]），不妨假设，当 $n\to+\infty$ 时，$\|\boldsymbol{u}_n\|\to+\infty$.

$$
\begin{aligned}
&C\geqslant\hat{J}(\boldsymbol{u}_n)\\
&=\sum_{k=0}^{T}\left(\left(\frac{\sqrt{1+\kappa(\Delta u(k))^2}-1}{\kappa}\right)+\frac{q(k)u_n^2(k)}{2}\right)-\lambda\sum_{k=1}^{T}\hat{F}(k,u_n(k))\\
&\geqslant\sum_{k=1}^{T}\frac{q(k)\boldsymbol{u}_n(k)^2}{2}-\lambda\sum_{|u_n(k)|\leqslant M}|\hat{F}(k,u_n(k))|-\lambda\sum_{|u_n(k)|>M}|\hat{F}(k,u_n(k))|\\
&\geqslant\frac{q_*}{2}\|\boldsymbol{u}_n\|_2^2-\lambda D\sum_{|u_n(k)|\leqslant M}|u_n(k)|-\lambda\sum_{k=0}^{T}\left|\int_0^M\hat{f}(k,s)\mathrm{d}s\right|-\lambda\sum_{|u_n(k)|>M}\left|\int_M^{u_n(k)}\hat{f}(k,s)\mathrm{d}s\right|\\
&\geqslant\frac{q_*}{2}\|\boldsymbol{u}_n\|_2^2-\lambda D\sum_{|u_n(k)|\leqslant M}|u_n(k)|-\lambda D\sum_{|u_n(k)|>M}|u_n(k)|-2\lambda TDM\\
&=\frac{q_*}{2}\|\boldsymbol{u}_n\|_2^2-\lambda D\sum_{t=1}^{T}|u_n(t)|-2\lambda TDM\\
&\geqslant\frac{q_*}{8}\|\boldsymbol{u}_n\|^2-\lambda DT^{\frac{1}{2}}\|u_n\|-2\lambda TDM\to+\infty,n\to+\infty,
\end{aligned}
$$

这里，$q_*=\min\limits_{k\in\mathbb{Z}(1,T)}q(k)$，$D=\max|f(k,u)|$，$(k,u)\in\mathbb{Z}(1,T)\times[-M,M]$. 因为 C 是一个固定的正常数，上式是不可能成立的，因此，$\{\boldsymbol{u}_n\}$ 在 E 中是有界的，从而 $\{\boldsymbol{u}_n\}$ 有收敛子列，泛函 $\hat{J}$ 满足 P.S. 条件，再由下式，$\hat{J}$ 是强制的，有

$$
\hat{J}(\boldsymbol{u})\geqslant\frac{q_*}{8}\|\boldsymbol{u}\|^2-\lambda DT^{\frac{1}{2}}\|\boldsymbol{u}\|-2\lambda TDM\to+\infty,\|\boldsymbol{u}\|\to+\infty\ .
$$

$\hat{J}$ 是有下界的 .

令 $\{\mathrm{e}_i\}_{i=1}^T$ 是 E 的一组基且 $\|\mathrm{e}_i\|=1,i\in\mathbb{Z}(1,T)$. 我们定义集合

$$
A(\rho)=\left\{\sum_{i=1}^{T}\beta_i\mathrm{e}_i\,\middle|\,\sum_{i=1}^{T}|\beta_i|^2=\rho^2\right\},\rho>0.
$$

显然，$\theta\notin A(\rho)$，$A(\rho)$ 是闭的且关于 θ 对称，对于任意的 $\rho>0$，$A(\rho)$ 是同胚于 S^{T-1}，当 $\boldsymbol{u}\in A(\rho)$，我们看到

$$
\|\boldsymbol{u}\|^2=\sum_{k=0}^{T}\left|\sum_{i=1}^{T}\beta_i\Delta e_i(k)\right|^2\leqslant\sum_{k=0}^{T}\left(\sum_{i=1}^{T}|\beta_i|^2\sum_{i=1}^{T}|\Delta e_i(k)|^2\right)=\rho^2\sum_{i=1}^{T}\|e_i\|^2\leqslant\rho^2(T+1),\rho>0.
$$

取

$$\rho = \frac{\alpha}{T+1},$$

有

$$\|\boldsymbol{u}\|_\infty \leqslant \sum_{k=0}^{T} |\Delta u(k)| \leqslant (T+1)^{\frac{1}{2}} \|u\| \leqslant (T+1)\rho < \alpha < M.$$

当 $\boldsymbol{u} \in A\left(\frac{\alpha}{T+1}\right)$, 我们注意到 $\boldsymbol{u} \neq \theta$ 和 $\hat{f}(k,u(k)) = f(k,u(k))$. 由 (a_2)和(a_3)，则有

$$\begin{aligned}\sum_{k=1}^{T} \hat{F}(k,u(k)) &= \sum_{\{k\in\mathbb{Z}(1,T)|u(k)>0\}} \hat{F}(k,u(k)) + \sum_{\{k\in\mathbb{Z}(1,T)|u(k)<0\}} \hat{F}(k,u(k)) \\ &= \sum_{\{k\in\mathbb{Z}(1,T)|u(k)>0\}} \int_0^{u(k)} f(k,s)\mathrm{d}s + \sum_{\{k\in\mathbb{Z}(1,T)|u(k)<0\}} \int_0^{-u(k)} f(k,-s)\mathrm{d}(-s) \\ &= \sum_{\{k\in\mathbb{Z}(1,T)|u(k)>0\}} \int_0^{u(k)} f(k,s)\mathrm{d}s + \sum_{\{k\in\mathbb{Z}(1,T)|u(k)<0\}} \int_0^{-u(k)} f(k,s)\mathrm{d}s > 0.\end{aligned}$$

令 $\tau = \inf\limits_{u\in A\left(\frac{\alpha}{T+1}\right)} \sum_{k=1}^{T} \hat{F}(k,u(k))$ 和 $\bar{\lambda} = \frac{(2+q^*)\alpha^2}{2T\tau}$，由 (a_2) 知道 $\tau > 0$，如果 $\lambda > \bar{\lambda}$，那么

$$\begin{aligned}\hat{J}(\boldsymbol{u}) &= \sum_{k=0}^{T}\left(\left(\frac{\sqrt{1+\kappa(\Delta u(k))^2}-1}{\kappa}\right) + \frac{q(k)u^2(k)}{2}\right) - \lambda\sum_{k=1}^{T}\hat{F}(k,u(k)) \\ &\leqslant \sum_{k=0}^{T} |\Delta u(k)|^2 + \frac{q^*}{2}\|\boldsymbol{u}\|_2^2 - \lambda\sum_{k=1}^{T}\hat{F}(k,u(k)) \\ &\leqslant \frac{2+q^*}{2}\|\boldsymbol{u}\|^2 - \lambda\sum_{k=1}^{T}\hat{F}(k,u(k)) \\ &\leqslant \frac{(2+q^*)\alpha^2}{2T} - \lambda\tau < 0,\end{aligned}$$

这里，$q^* = \max\limits_{k\in\mathbb{Z}(1,T)} q(k)$，显然引理 4.2.1 的所有条件都是满足的，则问题（4-11）至少有 T 对不同的非平凡解 .

进一步，在下面假设下，我们证明方程是有一个正解和一个负解的 .

(a_1') 对任意 $k\in\mathbb{Z}(1,T)$，$f(k,\cdot)$ 在 $\mathbb{R}\setminus\{0\}$ 上是连续的；

(a_2') 存在某个 $\alpha>0$ 使得 $0<q^*\leqslant f(k,\xi),\forall(k,\xi)\in\mathbb{Z}(1,T)\times(0,\alpha)$, 这里

$$q^*=\max_{k\in\mathbb{Z}(1,T)}q(k);$$

(a_3') 对任意的 $k\in\mathbb{Z}(1,T)$，当 $\xi\neq0$ 时，$f(k,\xi)=-f(k,-\xi)$.

令

$$\mu_1=\inf_{u\in E\setminus\{\theta\}}\frac{\displaystyle\sum_{k=0}^{T}\frac{(\Delta u(k))^2}{\sqrt{1+\kappa(\Delta u(k))^2}}}{\|\boldsymbol{u}\|_2^2}.$$

因为

$$\frac{\displaystyle\sum_{k=0}^{T}\frac{(\Delta u(k))^2}{\sqrt{1+\kappa(\Delta u(k))^2}}}{\|\boldsymbol{u}\|_2^2}>0,$$

所以 $\mu_1\geqslant0$.

定理 4.2.2:

假设 $(a_1')-(a_3')$ 成立且

$$\limsup_{|\xi|\to\infty}\frac{f(k,\xi)}{\xi}<\mu_1+q_*,k\in\mathbb{Z}(1,T)\ . \tag{4-21}$$

则当 $\lambda\in\left(0,\dfrac{\mu_1+q_*}{\mu}\right)$ 时，问题（4-11）有一个正解和一个负解，其中 $\mu\in(0,\mu_1+q_*)$.

证明:

考虑下面边值问题:

$$\begin{cases}-\Delta\left(\phi_c(\Delta u(k-1))\right)+q(k)u(k)=\lambda q^*,k\in\mathbb{Z}(1,T),\\ u(0)=u(T+1)=0.\end{cases} \tag{4-22}$$

定义相应的变分泛函:

$$J_{q^*}(u)=\sum_{k=0}^{T}\left(\left(\frac{\sqrt{1+\kappa(\Delta u(k))^2}-1}{\kappa}\right)+\frac{q(k)u^2(k)}{2}\right)-\lambda q^*\sum_{k=1}^{T}u(k),$$

那么，我们有

$$\begin{aligned}J_{q^*}(\boldsymbol{u})&=\sum_{k=0}^{T}\left(\left(\frac{\sqrt{1+\kappa(\Delta u(k))^2}-1}{\kappa}\right)+\frac{q(k)u^2(k)}{2}\right)-\lambda q^*\sum_{k=1}^{T}u(k)\\&=\sum_{k=0}^{T}\left(\frac{(\Delta u(k))^2}{\sqrt{1+\kappa(\Delta u(k))^2}+1}+\frac{q(k)u^2(k)}{2}\right)-\lambda q^*\sum_{k=1}^{T}u(k)\\&\geqslant\sum_{k=0}^{T}\frac{(\Delta u(k))^2}{2\sqrt{1+\kappa(\Delta u(k))^2}}+\frac{q_*}{2}\|\boldsymbol{u}\|_2^2-\lambda q^*\sqrt{T}\|\boldsymbol{u}\|_2\\&\geqslant\frac{\mu_1+q_*}{2}\|\boldsymbol{u}\|_2^2-\lambda q^*\sqrt{T}\|\boldsymbol{u}\|_2\to+\infty,\|\boldsymbol{u}\|_2\to+\infty.\end{aligned}$$

因此，J_{q^*}是强制的且存在一个全局最小值点u_0．结合引理 4.2.4，u_0是问题（4-22）的一个正解，我们取充分小的$\varepsilon>0$使得$u_1(k)=\varepsilon u_0(k)<\alpha$．

定义一个连续函数：

$$f_{u_1}(k,\xi)=\begin{cases}f(k,\xi),&\xi\geqslant u_1(k),\\f(k,u_1(k)),&\xi<u_1(k).\end{cases}$$

由（4-21）知，存在一个$\mu\in[0,\mu_1+q_*)$和$M_1>u_1(k)$使得

$$f(k,\xi)\leqslant\mu\xi,(k,\xi)\in\mathbb{Z}(1,T)\times(M_1,\infty).\qquad（4\text{-}23）$$

因此，有

$$f_{u_1}(k,\xi)\begin{cases}\leqslant f(k,u_1(k))+\max\limits_{(k,\xi)\in\mathbb{Z}(1,T)\times[u_1(k),M_1]}f(k,\xi)+\mu\xi,\xi\geqslant0,\\\geqslant q^*,\xi<0\end{cases}\qquad（4\text{-}24）$$

和

$$\limsup_{|\xi|\to\infty}\frac{f_{u_1}(k,\xi)}{\xi}\leqslant\mu,k\in\mathbb{Z}(1,T).\qquad（4\text{-}25）$$

接下来，我们证明下面边值问题，

$$\begin{cases}-\Delta\left(\phi_c(\Delta u(k-1))\right)+q(k)u(k)=\lambda f_{u_1}(k,u(k)),\quad k\in\mathbb{Z}(1,T),\\u(0)=u(T+1)=0,\end{cases}\qquad（4\text{-}26）$$

有一个正解 u 且 $u>u_1>0$.

首先定义上面问题对应的变分泛函：

$$\hat{J}(\boldsymbol{u})=\sum_{k=0}^{T}\left(\left(\frac{\sqrt{1+\kappa(\Delta u(k))^2}-1}{\kappa}\right)+\frac{q(k)u^2(k)}{2}\right)-\lambda\sum_{k=1}^{T}F_{u_1}(k,u(k)),$$

这里，$F_{u_1}(k,\xi)=\int_0^{\xi}f_{u_1}(k,s)\mathrm{d}s,(k,\xi)\in\mathbb{Z}(1,T)\times\mathbb{R}.$

由（4-25），存在一个正实数 $\bar{M}$ 使得

$$F_{u_1}(k,\xi)\leqslant\frac{\mu}{2}|\xi|^2+\bar{M}\ .\tag{4-27}$$

设 $\eta=\dfrac{\mu_1+q_*}{\mu}$，当 $\eta>\lambda>0$ 和 $\|\boldsymbol{u}\|_2\to+\infty$ 时，有

$$\begin{aligned}\hat{J}(\boldsymbol{u})&=\sum_{k=0}^{T}\left(\left(\frac{\sqrt{1+\kappa(\Delta u(k))^2}-1}{\kappa}\right)+\frac{q(k)u^2(k)}{2}\right)-\lambda\sum_{k=1}^{T}F_{u_1}(k,u(k))\\&\geqslant\sum_{k=0}^{T}\frac{(\Delta u(k))^2}{\sqrt{1+\kappa(\Delta u(k))^2}+1}+\frac{q_*}{2}\|\boldsymbol{u}\|_2^2-\frac{\lambda\mu}{2}\|\boldsymbol{u}\|_2^2-\lambda T\bar{M}\\&\geqslant\sum_{k=0}^{T}\frac{(\Delta u(k))^2}{2\sqrt{1+\kappa(\Delta u(k))^2}}+\frac{q_*}{2}\|\boldsymbol{u}\|_2^2-\frac{\lambda\mu}{2}\|\boldsymbol{u}\|_2^2-\lambda T\bar{M}\\&\geqslant\frac{\mu}{2}(\eta-\lambda)\|\boldsymbol{u}\|_2^2-\lambda T\bar{M}\to+\infty.\end{aligned}$$

这就证明 $\hat{J}$ 是强制的，则一定有一个全局最小值点 $\boldsymbol{u}\in E$，由（4-24）和引理 4.2.5，$\boldsymbol{u}$ 是一个解 . 进一步，如果能证明 $\boldsymbol{u}>\boldsymbol{u}_1$，那么 $\boldsymbol{u}$ 一定是问题（4-11）的一个正解 .

首先，我们假设 $\boldsymbol{u}\leqslant\boldsymbol{u}_1,k\in\mathbb{Z}(1,T)$，由于

$$-\Delta\big(\phi_c(\Delta u(k-1))\big)+q(k)u(k)=\lambda f(k,u_1(k))\geqslant\lambda q^*=-\Delta\big(\phi_c(\Delta u_0(k-1))\big)+q(k)u_0(k),$$

和引理 4.2.2，得到 $\boldsymbol{u}\geqslant\boldsymbol{u}_0>\boldsymbol{u}_1$，这与上面的假设矛盾 . 另外，我们考虑 $\boldsymbol{u}$ 和 $\boldsymbol{u}_1$ 不是有序向量 . 不妨假设存在 $j_0\in\mathbb{Z}(1,T)$ 使得 $u(j_0)<u_1(j_0)$，令

$$j=\max\left\{j_0\,\middle|\,j_0\in\mathbb{Z}(1,T),u(j_0)<u_1(j_0)\right\},$$

从引理 4.2.2 的证明知，如果 $u(j)<u_1(j)$，我们有下面的不等式：

$$\lambda f(i,u_1(i))=-\Delta(\phi_c(\Delta u(i-1)))+q(i)u(i)<-\Delta(\phi_c(\Delta u_1(i-1)))+q(i)u_1(i), \quad (4\text{-}28)$$

这里，$i=1,2,j$，从引理 4.2.2 的证明和 (a_2')，得到 $q^*\leqslant f(i,u_1(i))$，这就暗示

$$\lambda q^*=-\Delta(\phi_c(\Delta u_0(i-1)))+q(i)u_0(i)<-\Delta(\phi_c(\Delta u_1(i-1)))+q(i)u_1(i). \quad (4\text{-}29)$$

从（4-29）看到

$$\begin{aligned}
&0\leqslant q(i)(u_0(i)-u_1(i))\\
&<\Delta(\phi_c(\Delta u_0(i-1)))-\Delta(\phi_c(\Delta u_1(i-1)))\\
&=\left(\frac{\varepsilon\Delta u_0(i-1)}{\sqrt{1+\kappa(\varepsilon\Delta u_0(i-1))^2}}-\frac{\Delta u_0(i-1)}{\sqrt{1+\kappa(\Delta u_0(i-1))^2}}\right)\\
&+\left(\frac{\Delta u_0(i)}{\sqrt{1+\kappa(\Delta u_0(i))^2}}-\frac{\varepsilon\Delta u_0(i)}{\sqrt{1+\kappa(\varepsilon\Delta u_0(i))^2}}\right).
\end{aligned}$$

利用 ϕ_c 的单调性，我们发现如果 $\Delta u_0(i-1)>0$，那么 $\Delta u_0(i)>0$．意味着如果 $\Delta u_1(i-1)>0$，则 $\Delta u_1(i)>0$．

从下面三种情形我们估计不等式（4-29），若 $\Delta u_1(i-1)\leqslant\Delta u_1(i)$，有

$$\lambda q^*<-\Delta(\phi_c(\Delta u_1(i-1)))+q(i)u_1(i)<\varepsilon q(i)u_0(i). \quad (4\text{-}30)$$

若 $\Delta u_1(i-1)>\Delta u_1(i)>0$，有

$$\begin{aligned}
&\lambda q^*<-\Delta(\phi_c(\Delta u_1(i-1)))+q(i)u_1(i)\\
&=\frac{\Delta u_1(i-1)}{\sqrt{1+\kappa(\Delta u_1(i-1))^2}}-\frac{\Delta u_1(i)}{\sqrt{1+\kappa(\Delta u_1(i))^2}}+q(i)u_1(i)\\
&\leqslant\Delta u_1(i-1)+q(i)u_1(i)\\
&\leqslant\varepsilon(\Delta u_0(i-1)+q(i)u_0(i)).
\end{aligned} \quad (4\text{-}31)$$

若 $0>\Delta u_1(i-1)>\Delta u_1(i)$, 有

$$\begin{aligned}
&\lambda q^*<-\Delta(\phi_c(\Delta u_1(i-1)))+q(i)u_1(i)\\
&=\frac{\Delta u_1(i-1)}{\sqrt{1+\kappa(\Delta u_1(i-1))^2}}-\frac{\Delta u_1(i)}{\sqrt{1+\kappa(\Delta u_1(i))^2}}+q(i)u_1(i)\\
&\leqslant-\Delta u_1(i)+q(i)u_1(i)\\
&\leqslant\varepsilon(-\Delta u_0(i)+q(i)u_0(i)).
\end{aligned} \quad (4\text{-}32)$$

同时，我们注意到 $\Delta u_1(i-1)=0$ 或 $\Delta u_1(i)=0$ 仍满足上面的情形，当 ε 充分小时，(4-30)、(4-31) 和 (4-32) 是不可能成立的．因此，$\boldsymbol{u}\geqslant\boldsymbol{u}_1$，$\boldsymbol{u}$ 是问题 (4-11) 的一个正解，再由 (a_3')，$-\boldsymbol{u}$ 是问题 (4-11) 的一个负解．

例子 4.2.1：

令 $\kappa=0$ 和 $T=3$，考虑

$$\begin{cases}-\Delta^2u(k-1)+q(k)u(k)=\lambda\dfrac{1}{\sqrt[3]{u(k)}},k\in\mathbb{Z}(1,3),\\ u(0)=u(4)=0.\end{cases}$$

令 $\alpha=1$，$q_*=\dfrac{1}{4}$ 和 $q^*=\dfrac{1}{2}$，条件 $(\mathrm{a}_1')-(\mathrm{a}_3')$ 是成立的，$\mu_1=2-\sqrt{2}$．

$$\limsup_{|\xi|\to\infty}\frac{f(k,\xi)}{\xi}=\limsup_{|\xi|\to\infty}\frac{1}{\xi^{4/3}}=0<\frac{9}{4}-\sqrt{2},k\in\mathbb{Z}(1,T).$$

由定理 4.2.2 知，若 $\mu>0$ 充分小且 $\lambda\in(0,+\infty)$ 时，上面问题有一个正解和一个负解．

参考文献：

[1]Wang Z G，Xie Q L.Boundary value problems for a second-order difference equation involving the mean curvature operator[J].Boundary Value Problems，2022，2022（55）：1-13.

[2]Rabinowitz P H.Minimax methods in critical point theory with applications to differential equations[D].CBMSReg.Conf.Ser.Math.，vol.65，Amer.Math.Soc.，Providence，RI，1986.

[3]Bai D Y，Xu Y T.Nontrivial solutions of boundary value problems of second-order difference equations[J].Journal of Mathematical Analysis and Applications，2007，326（1）：297-302.

[4]Bonanno G，Candito P，D’ Agu\`{i}G.Variational methods on finite dimensional Banach space and discrete problems[J].Advanced Nonlinear Studies，2014，14（4）：915-939.

第5章　具有周期系数的非线性差分方程同宿解

5.1　具有周期系数的 Kirchhoff 型差分方程的同宿解

近几年，一些学者致力于研究差分方程各种形态的解的存在性，这些研究成果成功地解决了许多现实生活中的实际问题[1-5]，与差分方程有关的研究成果也可见文献 [6-10]. 当同宿解首次被 Poincaré 发现后，差分方程的同宿解存在性问题开始得到学者们的关注[6, 11-13].

在本节中，我们研究如下一类具有周期系数的 Kirchhoff 型差分方程同宿解的存在性[14]：

$$\begin{cases}-\left(1+\sum\limits_{k\in\mathbb{Z}}|\Delta u(k-1)|^2\right)\Delta^2 u(k-1)+V(k)u(k)=f(k,u(k)),k\in\mathbb{Z},\\ u(k)\to 0,|k|\to+\infty,\end{cases}\tag{5-1}$$

假设非线性项 $f(k,\cdot)\in C(\mathbb{R},\mathbb{R})$ 和势能 $V(k)$ 满足下列条件：

(H_1) $V:\mathbb{Z}\to\mathbb{R}^+$ 是周期为 T 的正势能函数；

(H_2) 对任意的 $k\in\mathbb{Z}, f(k,\cdot)\in C(\mathbb{R},\mathbb{R})$, 并且 $f(k,0)=0, f(k,\cdot)=f(k+T,\cdot)$;

(H_3) 当 $|t|\to 0$ 时，$\dfrac{f(k,t)}{|t|}$ 在 $\mathbb{Z}$ 上一致收敛于 0；

(H_4) 对任意的 $k\in\mathbb{Z}$，都有 $\limsup\limits_{|t|\to+\infty}\dfrac{F(k,t)}{|t|^4}=+\infty.$

由 (H_1) 知，我们有

$$0<V_0=\min\{V(0),V(1),\cdots,V(T-1)\}\leqslant\max\{V(0),V(1),\cdots,V(T-1)\}=V_1.$$

进一步，假设(H_5)存在一个$\theta\in(0,V_0)$使得

$$tf(k,t)-4F(k,t)>-\theta t^2,k\in\mathbb{Z},t\in\mathbb{R},$$

其中$F(k,t)=\int_0^t f(k,s)\mathrm{d}s$.

目前，关于 Kirchhoff 型差分方程主要考虑在有限维的实 Banach 空间中研究各种不同类型解的存在性 [15-18]. 而在无限维的空间里，对差分方程同宿解研究成果主要集中在带有$p-$拉普拉斯差分算子的差分方程上 [11-13]，而对 Kirchhoff 型的差分方程同宿解的存在性研究成果却很少 .

在一些文献中，作者考虑了当$|t|$充分大时，$tf(k,t)\geqslant\mu F(k,t)>0$的情形 [11]，即满足标准的 Ambrosetti-Rabinowitz 条件，在该条件下，$tf(k,t)$在无穷远处是不变号的 . 我们考虑了一个不同的条件(H_5)，从条件(H_5)可以看出，$tf(k,t)$在这里是可以变换符号的，进一步我们借助于紧支撑理论得到了问题（5-1）的一个非平凡同宿解 .

5.1.1 预备工作

令

$$l^q=\left\{\boldsymbol{u}=\{u(k)\}\,\middle|\,\forall k\in\mathbb{Z},u(k)\in\mathbb{R},\|\boldsymbol{u}\|_{l^q}=\left(\sum_{k\in\mathbb{Z}}|u(k)|^q\right)^{\frac{1}{q}}<+\infty\right\}$$

和

$$l^\infty=\left\{\boldsymbol{u}=\{u(k)\}\,\middle|\,\forall k\in\mathbb{Z},u(k)\in\mathbb{R},\|\boldsymbol{u}\|_{l^\infty}=\sup_{k\in\mathbb{Z}}\{|u(k)|\}<+\infty\right\}.$$

对任意$\boldsymbol{u}\in l^2$，定义下面的泛函：

$$\Phi_1(\boldsymbol{u})=\frac{1}{2}\left(\sum_{k\in\mathbb{Z}}|\Delta u(k-1)|^2+\sum_{k\in\mathbb{Z}}V(k)|u(k)|^2\right),$$

$$\Phi_2(\boldsymbol{u})=\frac{1}{4}\left(\sum_{k\in\mathbb{Z}}|\Delta u(k-1)|^2\right)^2,\Psi(\boldsymbol{u})=\sum_{k\in\mathbb{Z}}F(k,u(k)).$$

类似文献 [12] 中的性质 5 和 6 的证明方法，我们可以验证下面的引理 .

引理 5.1.1：

若条件 (H_3) 成立，则 $\Phi_1,\Phi_2\in C^1(l^2)$, 并且

$$\langle\Phi_1'(\boldsymbol{u})+\Phi_2'(\boldsymbol{u}),\boldsymbol{v}\rangle=\left(1+\sum_{k\in\mathbb{Z}}|\Delta u(k-1)|^2\right)\sum_{k\in\mathbb{Z}}\Delta u(k-1)\Delta v(k-1)+\sum_{k\in\mathbb{Z}}V(k)u(k)v(k).$$

引理 5.1.2：

若 $f(k,t)$ 满足条件 (H_3) 时, 则 $\Psi\in C^1(l^2)$，并且

$$<\Psi'(\boldsymbol{u}),\boldsymbol{v}>=\sum_{k\in\mathbb{Z}}f(k,u(k))v(k),\boldsymbol{u},\boldsymbol{v}\in l^2.$$

令

$$J(\boldsymbol{u})=\Phi_1(\boldsymbol{u})+\Phi_2(\boldsymbol{u})-\Psi(\boldsymbol{u}),$$

显然，从引理 5.1.1 和引理 5.1.2 得到

$$\langle J'(\boldsymbol{u}),\boldsymbol{v}\rangle=-\left(1+\sum_{k\in\mathbb{Z}}|\Delta u(k-1)|^2\right)\sum_{k\in\mathbb{Z}}\Delta^2u(k-1)v(k)+\sum_{k\in\mathbb{Z}}V(k)u(k)v(k)$$
$$-\sum_{k\in\mathbb{Z}}f(k,u(k))v(k),\boldsymbol{u},\boldsymbol{v}\in l^2.$$

从上式可知，$\boldsymbol{u}\in l^2$ 是泛函 $J(\boldsymbol{u})=\Phi_1(\boldsymbol{u})+\Phi_2(\boldsymbol{u})-\Psi(\boldsymbol{u})$ 的临界点，当且仅当 $\boldsymbol{u}$ 是问题（5-1）的同宿解，并且 $u(\pm\infty)=\Delta u(\pm\infty)=0$.

引理 5.1.3：

（山路引理 [19]）设 E 是 Banach 空间，$J\in C^1(E,\mathbb{R})$ 满足：

(G_1) $J(0)=0$, 存在常数 $\rho>0$ 和 $\alpha>0$ 使得 $J(x)\geqslant\alpha,\ x\in\partial B_\rho$, 其中

$$B_\rho=\{x\in E:\|\boldsymbol{x}\|<\rho\};$$

(G_2) 存在 $e\in E\setminus\bar{B}_\rho$ 使得 $J(e)<0$.

令 Γ 是 E 中联结 0 和 e 的道路的集合，即 $\Gamma=\{h\in C([0,1],E)\mid h(0)=0,h(1)=e\}$.

再记 $c=\inf\limits_{h\in\Gamma}\sup\limits_{s\in[0,1]}J(h(s))$，那么，$c\geqslant\alpha$, J 关于 c 有 Palais – Smale 序列，如果 J 满足 Palais – Smale 条件，则 c 是 J 的临界值 .

5.1.2 主要结论

引理 5.1.4：

假设条件 $(H_1)-(H_4)$ 成立，那么 J 满足引理 3 中的 (G_1) 和 (G_2) .

证明：

由引理 5.1.1 和引理 5.1.2 可知，$J\in C^1(l^2,\mathbb{R})$ 和 $J(0)=0$. 从条件 (H_3) 知，令 $\varepsilon=\dfrac{V_0}{4}>0$，那么存在某个正常数 $\delta>0$ 使得

$$|F(k,t)|\leqslant\frac{V_0}{4}t^2,\forall k\in\mathbb{Z},|t|\leqslant\delta.$$

令 $\rho=\sqrt{\dfrac{V_0}{V_1}}\delta$, 取 $\boldsymbol{u}\in l^2$ 使得 $\|u\|_{l^2}=\rho$, 则有

$$\rho^2=\sum_{k\in\mathbb{Z}}|u(k)|^2\geqslant\frac{1}{V_1}\sum_{k\in\mathbb{Z}}V(k)|u(k)|^2\geqslant\frac{V_0}{V_1}\sum_{k\in\mathbb{Z}}|u(k)|^2\geqslant\frac{V_0}{V_1}|u(k)|^2.$$

上式暗示 $\forall k\in\mathbb{Z}$, $|u(k)|\leqslant\delta$. 于是，我们有

$$J(\boldsymbol{u})=\frac{1}{2}\left(\sum_{k\in\mathbb{Z}}|\Delta u(k-1)|^2+\sum_{k\in\mathbb{Z}}V(k)|u(k)|^2\right)+\frac{1}{4}\left(\sum_{k\in\mathbb{Z}}|\Delta u(k-1)|^2\right)^2$$
$$-\sum_{k\in\mathbb{Z}}F(k,u(k))\geqslant\frac{V_0}{2}\|\boldsymbol{u}\|_{l^2}^2-\frac{V_0}{4}\|\boldsymbol{u}\|_{l^2}^2=\frac{V_0}{4}\|\boldsymbol{u}\|_{l^2}^2=\frac{V_0}{4}\rho^2.$$

取 $\alpha=\dfrac{V_0}{4}\rho^2$, 我们得到 $J(\boldsymbol{u})\geqslant\alpha,\boldsymbol{u}\in\partial B_\rho$；因此，$J$ 满足引理 5.1.3 的条件 (G_1) .

下面我们验证 J 满足引理 5.1.3 的条件 (G_2) .

令 $e_l\in l^2,e_l(k)=\delta_{lk}$. 若 $l=k,\delta_{lk}=1$; 若 $l\neq k$, $\delta_{lk}=0,k\in\mathbb{Z}$. 由 (H_4)，存在

$$\hat{M}>\max\left\{\rho,\sqrt{\frac{2+V(l)}{2}}\right\},$$

当 $|t|\geqslant\hat{M}$ 时，

$$F(k,t)\geqslant 2t^4,k\in\mathbb{Z}.\text{ 取 } e=te_l,\|te_l\|_{l^2}>\rho,$$

并且当t充分大时，

$$J(te_l)=\frac{2+V(l)}{2}t^2+t^4-F(l,t)\leqslant\frac{2+V(l)}{2}t^2-t^4<0.$$

条件(G_2)是满足的 .

引理 5.1.5：

假设条件$(H_1)\sim(H_5)$成立，则存在有界的序列$\{u_n\}$使得

$$J(\boldsymbol{u}_n)\to c,J'(\boldsymbol{u}_n)\to 0, \tag{5-2}$$

其中，

$$c=\inf_{h\in\Gamma}\sup_{s\in[0,1]}J(h(s)),\ \Gamma=\{h\in C([0,1],l^2)\mid h(0)=0,h(1)=e\}.$$

证明：

由引理 5.1.4 和引理 5.1.3 知，在l^2中存在一序列$\{\boldsymbol{u}_n\}$满足（5-2），由$|J(\boldsymbol{u}_n)|$的有界性知，一定存在一个正常数$C\in\mathbb{R}$使得$|J(\boldsymbol{u}_n)|\leqslant C$. 结合$(H_5)$，我们有

$$\begin{aligned}&C+o(1)\geqslant J(\boldsymbol{u}_n)-\frac{1}{4}<J'(\boldsymbol{u}_n),\boldsymbol{u}_n>\\&=\frac{1}{4}\sum_{k\in\mathbb{Z}}|\Delta u_n(k-1)|^2+\frac{1}{4}\sum_{k\in\mathbb{Z}}V(k)|u_n(k)|^2+\sum_{k\in\mathbb{Z}}\left(\frac{1}{4}u_n(k)f(k,u_n(k))-F(k,u_n(k))\right)\\&\geqslant\frac{V_0}{4}\sum_{k\in\mathbb{Z}}|u_n(k)|^2-\frac{\theta}{4}\sum_{k\in\mathbb{Z}}|u_n(k)|^2=\left(\frac{V_0-\theta}{4}\right)\|\boldsymbol{u}_n\|_{l^2}^2.\end{aligned}$$

因此，$\|\boldsymbol{u}_n\|_{l^2}$是有界的 .

定理 5.1.1：

假设条件$(H_1)\sim(H_5)$成立，那么问题（5-1）存在一个非平凡的同宿解 .

证明：

由引理 5.1.5 知，设$\{\boldsymbol{u}_n\}$是有界的，则有子列，仍记为$\{\boldsymbol{u}_n\},\boldsymbol{u}_n\rightharpoonup\hat{u}\in l^2$, 并且对每一个$k\in\mathbb{Z}$，当$n\to+\infty$时，都有$u_n(k)\to\hat{u}(k)$，由于$J'(u_n)\to 0$，则对于任意的$\boldsymbol{v}\in l^2$，我们有

$$-\left(1+\sum_{k\in\mathbb{Z}}|\Delta u_n(k-1)|^2\right)\sum_{k\in\mathbb{Z}}\Delta^2 u_n(k-1)v(k)+\sum_{k\in\mathbb{Z}}V(k)u_n(k)v(k)$$
$$-\sum_{k\in\mathbb{Z}}f(k,u_n(k))v(k)\to 0. \tag{5-3}$$

定义 l^2 中稠密紧支撑子集：

$$l_0^2=\left\{\boldsymbol{u}=\{u(k)\}\,\middle|\,k\in\mathbb{Z}\setminus[a,b],u(k)=0;k\in[a+1,b-1],u(k)\neq 0\right\}.$$

显然，对 $\forall\boldsymbol{v}\in l^2$，总存在 $\boldsymbol{v}_j\in l_0^2$，若 $|k|\geqslant j+1$，则 $v_j(k)=0$；若 $|k|\leqslant j$，则 $v_j(k)=v(k)$．当 $j\to\infty$ 时，$\|\boldsymbol{v}_j-\boldsymbol{v}\|_{l^2}\to 0$．于是在式（5-3）中，取 $\boldsymbol{v}\in l_0^2$，再对有限和（5-3）取极限得

$$-\left(1+\sum_{k\in\mathbb{Z}}|\Delta\hat{u}(k-1)|^2\right)\sum_{k\in\mathbb{Z}}\Delta^2\hat{u}(k-1)v(k)+\sum_{k\in\mathbb{Z}}V(k)\hat{u}(k)v(k)$$
$$-\sum_{k\in\mathbb{Z}}f(k,\hat{u}(k))v(k)=0,\forall\boldsymbol{v}\in l_0^2. \tag{5-4}$$

由于 l_0^2 在 l^2 中稠密，对 $\forall\boldsymbol{v}\in l^2$，上式仍成立，即 $\hat{u}$ 是 J 的一个临界点．

下面证明 $\hat{u}\neq 0$，运用反证法，不妨假设 $\hat{u}=0$，则当 $k\to\infty$ 时，$u_n(k)\to 0$．假设 $u_n(k)$ 在 $k_n\in\mathbb{Z}$ 处取最大值，那么存在唯一的 $j_n\in\mathbb{Z}$ 使得 $j_nT\leqslant k_n<(j_n+1)T$，令 $\omega_n(k)=u_n(k+j_nT)$，则 $\omega_n(k)$ 在 $i_n=k_n-j_nT\in[0,T-1]$ 处取最大值．当 $n\to\infty$ 时，则有

$$\|\boldsymbol{u}_n\|_{l^\infty}=\sup_{k\in\mathbb{Z}}|u_n(k)|=\max_{k\in[0,T-1]}|\omega_n(k)|\to 0. \tag{5-5}$$

由 (H_3) 知，对任意的 $\varepsilon>0$，存在某个正常数 $\delta>0$ 使

$$|F(k,t)|\leqslant\frac{\varepsilon}{2}t^2,\ \forall k\in\mathbb{Z},|t|\leqslant\delta.$$

从（5-5）知，对每一个 $k\in[0,T-1]$，存在一个充分大的正常数 $M_k>0$，当 $n>M_k$ 时，有 $|\omega_n(k)|\leqslant\delta.$

令 $\bar{M}=\max\{M_k,k\in[0,T-1]\}$，从而对于 $n>\bar{M}$ 和任意的 $k\in\mathbb{Z}$，有

$$|\omega_n(k)|\leqslant|\omega_n(i_n)|\leqslant\delta.$$

那么，$\forall k\in\mathbb{Z}$，有

$$|F(k,\omega_n(k))|\leqslant\frac{\varepsilon}{2}|\omega_n(k)|^2$$

和

$$|\omega_n(k)f(k,\omega_n(k))|\leqslant\varepsilon|\omega_n(k)|^2.$$

$$\begin{aligned}&c+o(1)=J(\boldsymbol{u}_n)=J(\boldsymbol{\omega}_n)\\&-\frac{1}{2}<J'(\boldsymbol{\omega}_n),\boldsymbol{\omega}_n>-\frac{1}{4}\left(\sum_{k\in\mathbb{Z}}|\Delta\omega_n(k-1)|^2\right)^2+\frac{1}{2}\sum_{k\in\mathbb{Z}}\omega_n(k)f(k,\omega_n(k))-\sum_{k\in\mathbb{Z}}F(k,\omega_n(k))\\&\leqslant\frac{1}{2}<J'(\boldsymbol{\omega}_n),\boldsymbol{\omega}_n>+\varepsilon\|\boldsymbol{\omega}_n\|_{l^2}^2.\end{aligned}$$

由 ε 的任意性和 $J'(\boldsymbol{\omega}_n)=J'(\boldsymbol{u}_n)\to 0$，上式推出矛盾，因此 $\hat{u}\neq 0$.
最后，我们给出例子来说明我们的结论.

例子 5.1.1：

考虑问题（5-1），给定函数如下：

$$f(k,t)=|\sin(k)|t^5-t^3,k\in\mathbb{Z},t\in\mathbb{R}.$$

令

$$F(k,t)=\frac{|\sin(k)|}{6}t^6-\frac{t^4}{4},k\in\mathbb{Z},t\in\mathbb{R}.$$

显然，周期 $T=\pi$，取 $\theta>0$ 时，$f(k,t)$ 满足条件 $(H_2)\sim(H_5)$，于是，问题（5-1）存在一个非平凡的同宿解.

参考文献：

[1]Kelly W G，Peterson A C.Difference equations：an introduction with applications[M].San Diego，New York Basel：Academic Press，1991.

[2]Agarwal R P.Equations and inequalities.theory，methods，and applications[M].New York-Basel：Marcel Dekker，Inc.，2000.

[3]Long Y H，Wang L.Global dynamics of a delayed two-patch discrete SIR disease model[J].Communications in Nonlinear Science and Numerical Simulation，2019，83，105-117.

[4]Yu J S，Li J.Discrete-time models for interactive wild and sterile mosquitoes with general time steps[J].Mathematical Biosciences，2022，346，108797.

[5]Zheng B，Yu J S.Existence and uniqueness of periodic orbits in a discrete model on Wolbachia infection frequency[J].Advances in Nonlinear Analysis,2022,11(1):212-224.

[6]Lin G H，Zhou Z.Homoclinic solutions of discrete $\varphi-$ Laplacian equations with mixed nonlinearities[J].Communications on Pure & Applied Analysis, ，2018，17（5），1723-1747.

[7]Zhou Z，Ling J X.Infinitely many positive solutions for a discrete two point nonlinear boundary value problem with φ_c- Laplacian[J].Applied Mathematics Letters，2019，91：28-34.

[8]Lin G H，Zhou Z，Yu J S.Ground state solutions of discrete asymptotically linear Schrödinge equations with bounded and non-periodic potentials[J].Journal of Dynamics and Differential Equations，2020，32（2）：527-555.

[9] 王振国，依赖参数的 2n 阶差分方程边值问题多个非平凡解的存在性 [J]. 数学物理学报，2022，42A（3）：760-766.

[10]Wang Z G，Xie Q L.Boundary value problems for a second-order difference equation involving the mean curvature operator[J].Boundary.Value Problems，2022，2022，55.

[11]Cabada A，Li C Y，Tersian S.On homoclinic solutions of a semilinear $p-$ Laplacian difference equation with periodic coefficients[J].Advances in Difference Equations，2010，2010，195376.

[12]Iannizzotto A，Tersian S A.Multiple homoclinic solutions for the discrete p–Laplacian via critical point theory[J].Journal of Mathematical Analysis & Applications，2013，403（1）：173-182.

[13]Kong L J.Homoclinic solutions for a second order difference equation with p–Laplacian[J].Applied Mathematics & Computation，2014，247，1113-1121.

[14] 王振国，具有周期系数的 Kirchhoff- 型差分方程同宿解的存在性 [J]. 工程数学学报（录用，印刷中）

[15]Chakrone O，Hssini E M，Rahmani M，et al.Multiplicity results for a $p-$Laplacian discrete problems of Kirchhoff type[J].Applied Mathematics & Computation，2016，276，310-315.

[16]Long Y H.Multiple results on nontrivial solutions of discrete Kirchhoff type problems[J].Journal of Applied Mathematics and Computing，2022，2022：1-17.

[17]Long Y H，Deng X Q.Existence and multiplicity solutions for discrete Kirchhoff type problems[J].Applied Mathematics Letters，2022，126，107817.

[18]Long Y H.Nontrivial solutions of discrete Kirchhoff type problems via Morse theory[J]Advances in Nonlinear Analysis，2022,11(1)，1352-1364.

[19]Ambosetti A，Rabinowitz P H.Dual variational methods in critical point theory and applications[J].Journal of Functional Analysis，1973，14（4）：349-381.

5.2 具有周期系数的离散非线性薛定谔方程同宿解

本节考虑周期系数的离散非线性薛定谔方程同宿解.离散非线性薛定谔方程被广泛用于描述多种物理和生物现象，如非线性光学[1]、生物分子链[2]、固体的晶格动力学和具有非线性响应的光子晶体中电磁波的局域化[3]，有关此主题的更多研究，请参阅文献[4-11].

首先，我们引入下面离散非线性薛定谔方程：

$$i\dot{\psi}_n = -\Delta\psi_n + V_n\psi_n - f_n(\psi_n), n\in\mathbb{Z}\,, \tag{5-6}$$

这里，$\Delta\psi_n = \psi_{n+1} + \psi_{n-1} - 2\psi_n$ 是一维离散拉普斯算子；对任意的 $n\in\mathbb{Z}$，$f_n(\cdot)$ 是从 $\mathbb{C}$ 到 $\mathbb{C}$ 上的连续函数且 $f_n(0)=0$；实数序列 $\{V_n\}$ 和实连续函数序列 $\{f_n(\cdot)\}$ 是 T 周期的，*i.e.*，$V_{n+T}=V_n$，$f_{n+T}(\cdot)=f_n(\cdot)$，典型的饱和非线性项例子是

$$f_n(t) = \frac{t^3}{1+l_n t^2}$$

和

$$f_n(t) = (1-\mathrm{e}^{-l_n t^2})t\,,$$

其中，l_n 是实 T 周期序列，饱和非线性可以描述光脉冲在各种掺杂光纤中的传播[12，13]. 在方程（5-6）中，由驻波的物理意义，我们假设 f_n 是满足下面关系的条件

$$f_n(e^{i\theta}t)=e^{i\theta}f_n(t)\text{，}\quad \theta\in\mathbb{R}. \tag{5-7}$$

由于驻波是空间时间周期解的且在无穷远处衰减为零，因此，ψ_n 有下面的形式：

$$\psi_n=u_n e^{-i\omega t},\quad \lim_{n\to\pm\infty}u_n=0\text{，} \tag{5-8}$$

其中，$\{u_n\}$ 实序列，$\omega\in\mathbb{R}$ 表示频率，那么，方程（5-6）变成

$$-\Delta u_n+V_n u_n-\omega u_n=f_n(u_n), n\in\mathbb{Z}, \lim_{n\to\pm\infty}u_n=0. \tag{5-9}$$

这一节，考虑下面更一般的薛定谔方程同宿问题[15]:

$$Lu_n-\omega u_n=f_n(u_n), n\in\mathbb{Z}\text{，} \tag{5-10}$$

其中，L 是如下二阶差分算子:

$$Lu_n=a_n u_{n+1}+a_{n-1}u_{n-1}+b_n u_n, n\in\mathbb{Z}, \tag{5-11}$$

$\{a_n\}$ 和 $\{b_n\}$ 是 T 周期序列，$\omega\in\mathbb{R}$，$f_n(\cdot)\in C(\mathbb{R},\mathbb{R}), f_n(0)=0$ 且 $f_{n+T}(t)=f_n(t)$.

算子 L 是 l^2 中的有界自伴算子，并且它的谱 $\sigma(L)$ 是有限闭区间的并[14]，因此它的补集 $\mathbb{R}\setminus\sigma(L)$ 是有限开区间的并，我们称这样的区间为谱间隙 . 一般地，方程（5-6）的时间频率 ω 属于某个谱间隙时，也称方程的解为同宿解 . 本节我们考虑 $\omega\in(-\infty,\beta)$ 时的非平凡同宿解的存在性 .

在 2006 年，Pankov[16] 利用环绕定理和周期逼近的方法首次研究了系数是周期的方程（5-6）同宿解的存在性，在 2008 年，Pankov 和 Rothos[17] 考虑（5-6）同宿解问题，得到如下结果 .

定理 5.2.1[17]：

假设 $f(t)$ 满足下列条件：

(H_1) 当 $t\to0$ 时，$f(t)=o(t)$；

(H_2) $\lim\limits_{|t|\to\infty}\dfrac{f(t)}{t}=l<\infty$；

(H_3) $f(t)\in C(\mathbb{R})$ 且 $f(t)t < f'(t)t^2$， $t\neq 0$；

(H_4) $g(t)=f(t)-lt$ 是有界的 .

若 $\omega<0$ 和 $l+\omega>0$，则方程（5-6）存在一个非平凡的同宿解 $u\in l^2$.

当 ω 属于 (α,β) 且 $0\notin\sigma(L)$ 时，Pankov[18] 在 2010 年考虑了方程（5-6）的非线性项是饱和时的同宿解存在性 .

延续上述工作，我们进一步研究非线性项是变号饱和情形下方程（5-6）的同宿解问题 . 设 $\delta=\beta-\omega>0$；同时假设下列条件是成立的：

(F_1) 对所有的 $n\in\mathbb{Z}$， $\lim\limits_{t\to 0}\dfrac{f_n(t)}{t}=q$ 是一致成立，这里 $|q|<\dfrac{\delta}{8}$；

(F_2) 对所有的 $n\in\mathbb{Z}$，存在一个常数 $d>0$ 使得 $\lim\limits_{|t|\to\infty}\dfrac{f_n(t)}{t}=d<+\infty$ 一致成立，且 $g_n(t)=f_n(t)-dt$ 是有界的；

(F_3) 对所有的 $n\in\mathbb{Z}$，存在一个常数 $\gamma\in(0,\delta)$ 使得 $tf_n(t)-4F_n(t)\geqslant-\gamma t^2$.

注 5.2.1：

从上面条件可以看出，非线性项 $tf_n(t)$ 是可以变号的且是混合型的，即在原点处可以是超线性或渐近线性的，对所有的 $n\in\mathbb{Z}$，我们首先给出一个例子是满足 $(\mathrm{F}_1)\sim(\mathrm{F}_3)$，但不满足 (H_1) : $f_n(t)=o(t),t\to 0$.

令 $f_n(t)=\dfrac{t^3-2t}{1+t^2}$， $t\in\mathbb{R}.(F1)-(F2)$ 是明显满足的，但对于 (h_1) 是不成立的，计算得 $F_n(t)=\dfrac{t^2}{2}-\dfrac{3}{2}\ln(1+t^2)$，我们可以找到一个 $\gamma=5>0$ 使得

$$tf_n(t)-4F_n(t)+5t^2=\frac{4t^4+t^2+6(1+t^2)\ln(1+t^2)}{(1+t^2)}\geqslant 0$$

且 $tf_n(t)=\dfrac{t^4-2t^2}{1+t^2}$ 是变号的 .

5.2.1 预备工作

为了建立与方程（5-10）相关的变分框架并应用临界点理论，我们将给出一些基本的符号和引理，这些符号和引理将用于证明我们的主要结果 .

在 Hilbert 空间 $E=l^2$ 中，我们考虑泛函

$$J(u)=\frac{1}{2}(Lu-\omega u,u)-\sum_{n=-\infty}^{+\infty}F_n(u_n),$$

其中，$(\cdot,\cdot)$ 表示 l^2 空间的内积；$\|\cdot\|$ 表示 l^2 空间的范数；$F_n(t)=\int_0^t f_n(s)\mathrm{d}s$，$n\in\mathbb{Z}$. 易证 $J\in C^1(E,\mathbb{R})$ 并计算其 Frećhet 导数：

$$\langle J'(\boldsymbol{u}),\boldsymbol{v}\rangle=(L\boldsymbol{u}-\omega\boldsymbol{u},\boldsymbol{v})-\sum_{n=-\infty}^{+\infty}f_n(u_n)v_n,\boldsymbol{u},\boldsymbol{v}\in E.$$

由上式看出，J 为方程（5-10）对应的欧拉方程 . 因此，J 的非零临界点是方程（5-10）的非平凡解 .

令

$$S=\{\boldsymbol{u}=\{u_n\}\,|\,u_n\in\mathbb{R},n\in\mathbb{Z}\},$$

对任意的 $\boldsymbol{u},\boldsymbol{v}\in S$ 和 $a,b\in\mathbb{R}$，由 $a\boldsymbol{u}+b\boldsymbol{v}=\{au_n+bv_n\}$ 可知 S 是线性向量空间 .

对任一固定的正整数 k，我们定义 S 的子空间 E_k 如下：

$$E_k=\{u=\{u_n\}\subset S\,|\,u_{n+2kT}=u_n,n\in\mathbb{Z}\}.$$

明显的，E_k 是 $2kT$ 维 Hilbert 空间，空间 E_k 相应的内积 $(\cdot,\cdot)_k$ 和范数 $\|\cdot\|_k$ 可定义如下：

$$(\boldsymbol{u},\boldsymbol{v})_k=\sum_{n=-kT}^{kT-1}u_n\cdot v_n,\boldsymbol{u},\boldsymbol{v}\in E_k$$

和

$$\|\boldsymbol{u}\|_k=\left(\sum_{n=-kT}^{kT-1}|u_n|^2\right)^{\frac{1}{2}},\boldsymbol{u}\in E_k.$$

我们进一步定义另一个范数

$$\|\boldsymbol{u}\|_{k\infty}=\max\{|u_n|:n\in\mathbb{Z}\},\boldsymbol{u}\in E_k.$$

在空间 E_k 中，考虑泛函

$$J_k(\boldsymbol{u})=\frac{1}{2}(L_k\boldsymbol{u}-\omega\boldsymbol{u},\boldsymbol{u})_k-\sum_{n=-kT}^{kT-1}F_n(u_n);\tag{5-12}$$

那么，有

$$\langle J_k'(\boldsymbol{u}),\boldsymbol{v}\rangle=(L_k\boldsymbol{u}-\omega\boldsymbol{u},\boldsymbol{v})_k-\sum_{n=-kT}^{kT-1}f_n(u_n)v_n,\boldsymbol{u},\boldsymbol{v}\in E_k, \tag{5-13}$$

将线性算子 L 作用于 E_k 上的算子定义为 L_k. J_k 是有限维空间 C^1 泛函，它的临界点是方程（5-10）的 kT 周期解．我们注意到 $\sigma(L_k)$ 是有限个区间，$\sigma(L_k)\subset\sigma(L)$ 且对所有的 $k\in\mathbb{Z}$, 有 $\|L_k\|\leqslant\|L\|$ [14]. 进一步，$\cup_{k\in\mathbb{Z}}\sigma(L_k)$ 是 $\sigma(L)$ 的稠密子集．

那么，我们有

$$(L\boldsymbol{u}-\omega\boldsymbol{u},\boldsymbol{u})\geqslant\delta\|\boldsymbol{u}\|^2,\boldsymbol{u}\in E. \tag{5-14}$$

$$(L_k\boldsymbol{u}-\omega\boldsymbol{u},\boldsymbol{u})_k\geqslant\delta\|\boldsymbol{u}\|_k^2,\boldsymbol{u}\in E_k. \tag{5-15}$$

5.2.2 主要结论

下面给出的性质告诉我们如果条件 $(\mathrm{F}_1)\sim(\mathrm{F}_3)$ 缺少一个，方程（5-10）在 l^2 中没有非平凡解．

性质 5.2.1：

假设条件 (F_1) 和 (F_2) 成立，并且 $\delta\to+\infty$．那么，方程（5-10）在 l^2 中没有非平凡解．

证明：

运用反证法，假设方程（5-10）在 l^2 中有非平凡解，则 u 是 J 满足下面式子的临界点

$$(L\boldsymbol{u}-\omega\boldsymbol{u},\boldsymbol{u})=\sum_{n=-\infty}^{+\infty}f_n(u_n)u_n\ .$$

因为条件 (F_1) 和 (F_2) 成立，对任意的 $n\in\mathbb{Z}$，则存在一个正常数 $a_1>0$，使得 $|tf_n(t)|\leqslant a_1|t|^2$ 在 $t\in\mathbb{R}$ 上一致成立，再由（5-14），我们有

$$\delta\|\boldsymbol{u}\|^2\leqslant(L\boldsymbol{u}-\omega\boldsymbol{u},\boldsymbol{u})=\sum_{n=-\infty}^{+\infty}f_n(u_n)u_n<a_1\|\boldsymbol{u}\|^2\ .$$

由 $\delta \to +\infty$ 知，这是不可能的，同样，我们考虑 (F_1) 和 (F_2) 成立，且 $a_1 < \beta - \omega$，方程（5-10）在 l^2 中没有非平凡解.

定义如下线性算子

$$\tilde{L}_k u = L_k u - du,\ \ u \in E_k\ .$$

令 $G_n(t) = \int_0^t g_n(s)\mathrm{d}s$ 是 $g_n(s)$ 的原函数，则 J_k 又有如下形式：

$$J_k(\boldsymbol{u}) = \frac{1}{2}(\tilde{L}_k\boldsymbol{u} - \omega\boldsymbol{u}, \boldsymbol{u})_k - \sum_{n=-kT}^{kT-1} G_n(u_n) \tag{5-16}$$

和

$$\langle J_k'(\boldsymbol{u}), \boldsymbol{v}\rangle = (\tilde{L}_k\boldsymbol{u} - \omega\boldsymbol{u}, \boldsymbol{v})_k - \sum_{n=-kT}^{kT-1} g_n(u_n)v_n. \tag{5-17}$$

引理 5.2.1：

假设 (F_2) 成立且 $\omega \notin \sigma(\tilde{L}_k)$；则 J_k 满足 P.S. 条件 .

证明：

设存在序列 $\{u^{(j)}\} \subset E_k$ 使得 $J_k(u^{(j)})$ 有界且当 $j \to \infty$ 时，$J_k'(u^{(j)}) \to 0$. 因为 E_k 是有限维空间，我们只需证明 $\{u^{(j)}\}$ 有界 .

令 E_k^+ 和 E_k^- 分别是算子 $\tilde{L}_k - \omega I$ 的谱为正的特征空间和谱为负的特征空间；于是，

$$E_k = E_k^+ \bigoplus E_k^-.$$

因此，我们能找到一个正常数 $\eta > 0$ 使得

$$\pm(\tilde{L}_k\boldsymbol{u} - \omega\boldsymbol{u}, \boldsymbol{u})_k \geqslant \eta \|\boldsymbol{u}\|_k^2, \boldsymbol{u} \in E_k^{\pm}. \tag{5-18}$$

对每个 $j \in \mathbb{Z}$，我们写 $\boldsymbol{u}^{(j)} = \boldsymbol{u}^{(j)+} + \boldsymbol{u}^{(j)-}$，那么有

$$\begin{aligned} \eta \|\boldsymbol{u}^{(j)+}\|_k^2 &\leqslant (\tilde{L}_k\boldsymbol{u}^{(j)+} - \omega\boldsymbol{u}^{(j)+}, \boldsymbol{u}^{(j)+})_k = (\tilde{L}_k\boldsymbol{u}^{(j)} - \omega\boldsymbol{u}^{(j)}, \boldsymbol{u}^{(j)+})_k \\ &= \sum_{n=-kT}^{kT-1} g_n(u_n^{(j)})u_n^{(j)+} \leqslant \|\boldsymbol{u}^{(j)+}\|_k + \sum_{n=-kT}^{kT-1} |g_n(u_n^{(j)})\| \boldsymbol{u}_n^{(j)+}|. \end{aligned} \tag{5-19}$$

由 (F_2) 知，可以取 $\varepsilon = \dfrac{\eta}{2} > 0$ 和充分大的 $M > 0$ 使得

$$0<\left|\frac{g_n(t)}{t}\right|<\frac{\eta}{2},|t|\geqslant M,n\in\mathbb{Z}. \tag{5-20}$$

记

$$Q_k^{(j)}=\{n:|u_n^{(j)}|<M,n\in\mathbb{Z}(-kT,kT-1)\},\ R_k^{(j)}=\{n:|u_n^{(j)}|\geqslant M,n\in\mathbb{Z}(-kT,kT-1)\}.$$

令 $M_0=\max_{n\in Q_k^{(j)}}\{|g_n(\boldsymbol{u}_n^{(j)})|\}$，则有

$$\sum_{n=-kT}^{kT-1}|g_n(u_n^{(j)})|^2=\sum_{n\in Q_k^{(j)}}|g_n(u_n^{(j)})|^2+\sum_{n\in R_k^{(j)}}|g_n(u_n^{(j)})|^2\leqslant 2kTM_0^2+\sum_{n\in R_k^{(j)}}\frac{\eta^2}{4}|u_n^{(j)}|^2$$

$$\leqslant 2kTM_0^2+\frac{\eta^2}{4}\|\boldsymbol{u}^{(j)}\|_k^2 .$$

从上面的不等式可知

$$\left(\sum_{n=-kT}^{kT-1}|g_n(u_n^{(j)})|^2\right)^{\frac{1}{2}}\leqslant\sqrt{2kT}M_0+\frac{\eta}{2}\|\boldsymbol{u}^{(j)}\|_k . \tag{5-21}$$

结合方程（5-19）、Cauchy-Schwartz 不等式和方程（5-21），我们得到下面不等式：

$$\eta\|\boldsymbol{u}^{(j)+}\|_k^2\leqslant(1+\sqrt{2kT}M_0)\|\boldsymbol{u}^{(j)+}\|_k+\frac{\eta}{2}\|\boldsymbol{u}^{(j)}\|_k\|\boldsymbol{u}^{(j)+}\|_k . \tag{5-22}$$

类似，有

$$\eta\|\boldsymbol{u}^{(j)-}\|_k^2\leqslant(1+\sqrt{2kT}M_0)\|\boldsymbol{u}^{(j)-}\|_k+\frac{\eta}{2}\|\boldsymbol{u}^{(j)}\|_k\|\boldsymbol{u}^{(j)-}\|_k . \tag{5-23}$$

因为

$$\|\boldsymbol{u}^{(j)}\|_k^2=\|\boldsymbol{u}^{(j)+}\|_k^2+\|\boldsymbol{u}^{(j)-}\|_k^2 \text{ 和 } \|\boldsymbol{u}^{(j)+}\|_k+\|\boldsymbol{u}^{(j)-}\|_k\leqslant\sqrt{2}\|\boldsymbol{u}^{(j)}\|_k ,$$

由方程（5-22）和方程（5-23）知，有

$$\eta\|\boldsymbol{u}^{(j)}\|_k^2\leqslant\sqrt{2}(1+\sqrt{2kT}M_0)\|\boldsymbol{u}^{(j)}\|_k+\frac{\sqrt{2}\eta}{2}\|\boldsymbol{u}^{(j)}\|_k^2 .$$

因此，序列 $\{u^{(j)}\}$ 是有界的 .

定理 5.2.2:

假设 (F_1)和(F_2) 成立且 $\omega \notin \sigma(\tilde{L}_k)$. 如果 $d > \beta - \omega$, 则 J_k 有至少一个非平凡解 $\boldsymbol{u}^{(k)} \in E_k$. 进一步，$\| \boldsymbol{u}^{(k)} \|_k$ 是有界的，并且存在两个正常数 ξ 和 μ 使得

$$\xi \leqslant \| u^{(k)} \|_{k\infty} \leqslant \mu. \tag{5-24}$$

证明:

由引理 5.2.1 知，J_k 满足 P.S. 条件，下面只需验证 J_k 满足山路引理，事实上，$J_k(0)=0$；令 $\varepsilon = \frac{\delta}{4} - \frac{q}{2} > 0$，则存在正常数 $\rho > 0$ 使得

$$F_n(t) \leqslant \frac{\delta}{4} t^2,\quad \forall n \in \mathbb{Z} \text{ 和 } |t| \leqslant \rho . \tag{5-25}$$

因为 $\| \boldsymbol{u} \|_{k\infty} \leqslant \| \boldsymbol{u} \|_k$，当 $\boldsymbol{u} \in E_k$ 且 $\| \boldsymbol{u} \|_k \leqslant \rho$ 时，我们有

$$\sum_{n=-kT}^{kT-1} F_n(u_n) \leqslant \frac{\delta}{4} \| \boldsymbol{u} \|_k^2;$$

则有

$$\begin{aligned} J_k(\boldsymbol{u}) &= \frac{1}{2}(L\boldsymbol{u} - \omega \boldsymbol{u}, \boldsymbol{u})_k - \sum_{n=-kT}^{kT-1} F_n(u_n) \\ &\geqslant \frac{\delta}{2} \| \boldsymbol{u} \|_k^2 - \frac{\delta}{4} \| \boldsymbol{u} \|_k^2 = \frac{\delta}{4} \| \boldsymbol{u} \|_k^2 . \end{aligned} \tag{5-26}$$

取 $\alpha = \frac{\delta}{4}\rho^2$，我们得到 $J_k(\boldsymbol{u}) \geqslant \alpha$，这里 $\boldsymbol{u} \in \partial B_\rho$; J_k 满足山路引理第一个条件 .

设 β_k 是算子 L_k 最小的谱点，根据周期差分算子谱理论，算子 L 的谱区间的端点是 T 周期或 T 反周期的 . 由于 β 是区间端点，因此，当 $k \geqslant 1$，$\beta_k = \beta$ 或 $\beta_{2k} = \beta$. 因为 $\omega \notin \sigma\left(\tilde{L}_k\right)$ 和 $d > \beta - \omega$，容易看出 $E_k^- \neq \varnothing, k \geqslant 1$.

假设 λ 是 $\sigma(\tilde{L}_k - \omega)$ 的最小正特征值，令 $\boldsymbol{z}^k \in E_k^+$ 是对应于 λ 的单位特征向量，在 E_k^- 中我们能找到一个 $\boldsymbol{y} \neq 0$. 令 $\boldsymbol{u} = \boldsymbol{z}^k + \tau \frac{\boldsymbol{y}}{\| \boldsymbol{y} \|_k}$, 这里 $\tau \in \mathbb{R}$. 我们有

$$\begin{aligned}J_k(\boldsymbol{u})&=J_k\left(\boldsymbol{z}^k+\tau\frac{\boldsymbol{y}}{\|\boldsymbol{y}\|_k}\right)\\&=\frac{1}{2}\left((\tilde{L}_k-\omega)\boldsymbol{z}^k,\boldsymbol{z}^k\right)_k+\frac{1}{2}\left((\tilde{L}_k-\omega)\frac{\tau\boldsymbol{y}}{\|\boldsymbol{y}\|_k},\frac{\tau\boldsymbol{y}}{\|\boldsymbol{y}\|_k}\right)_k-\sum_{n=-kT}^{kT-1}G_n(u_n)\\&\leqslant\frac{\lambda}{2}-\frac{\eta}{2}\tau^2-\sum_{n=-kT}^{kT-1}G_n(u_n)\end{aligned}\tag{5-27}$$

由(F_2)知道，$|G_n(t)|$至多是线性增长的，于是有

$$\begin{aligned}J_k(\boldsymbol{u})&\leqslant\frac{\lambda}{2}-\frac{\eta}{2}\tau^2+C\|\boldsymbol{u}\|_k\\&=-\frac{\eta}{2}\|\boldsymbol{u}\|_k^2+C\|\boldsymbol{u}\|_k+\frac{\lambda+\eta}{2}\to-\infty,\|\boldsymbol{u}\|_k\to\infty.\end{aligned}\tag{5-28}$$

我们选择$\tau_0\in\mathbb{R}$使得

$$\|\boldsymbol{u}_0\|_k=\sqrt{1+\tau_0^2}>\rho$$

和

$$J_k(\boldsymbol{u}_0)=J_k\left(\boldsymbol{z}^k+\tau_0\frac{\boldsymbol{y}}{\|\boldsymbol{y}\|_k}\right)<0.$$

由山路引理可知J_k有一个临界值$c_k\geqslant a$　且

$$c_k=\inf_{h\in\Gamma_k}\sup_{s\in[0,1]}J_k(h(s)),$$

这里

$$\Gamma_k=\left\{h\in C([0,1],E_k)\mid h(0)=0,h(1)=\boldsymbol{u}_0=\boldsymbol{z}^k+\tau_0\frac{\boldsymbol{y}}{\|\boldsymbol{y}\|_k}\in E_k\setminus B_\rho\right\}.$$

设$\boldsymbol{u}^{(k)}$是J_k在E_k中对应于c_k的临界点，由$c_k>0$可知$\boldsymbol{u}^{(k)}$是不为零的，定义

$$h(s)=s\left(\boldsymbol{z}^k+\tau_0\frac{\boldsymbol{y}}{\|\boldsymbol{y}\|_k}\right)\in\Gamma_k,$$

其中$s\in[0,1]$;那么有

$$J_k(\boldsymbol{u}^{(k)})\leqslant\sup_{s\in[0,1]}J_k\left(s\left(\boldsymbol{z}^k+\tau_0\frac{\boldsymbol{y}}{\|\boldsymbol{y}\|_k}\right)\right).\tag{5-29}$$

事实上，有

$$J_k\left(s\left(z^k+\tau_0\frac{y}{\|y\|_k}\right)\right)\leqslant\frac{\lambda}{2}s^2-\frac{\eta\tau_0^2}{2}s^2+C\sqrt{1+\tau_0^2}s\leqslant\frac{\lambda}{2}+C\sqrt{1+\tau_0^2}. \quad (5\text{-}30)$$

因此，有

$$J_k(\boldsymbol{u}^{(k)})\leqslant\frac{\lambda}{2}+C\sqrt{1+\tau_0^2}=M_1. \quad (5\text{-}31)$$

令 $0\leqslant\gamma<\delta$. 从 (F_3)、（5-12）和（5-13）知

$$\begin{aligned}M_1&\geqslant J_k(\boldsymbol{u}^{(k)})=\sum_{n=-kT}^{kT-1}\left(\frac{1}{2}f_n(u_n^{(k)})u_n^{(k)}-F_n(u_n^{(k)})\right)\\&=\sum_{n=-kT}^{kT-1}\left(\frac{1}{4}f_n(u_n^{(k)})u_n^{(k)}+\frac{\gamma}{4}(u_n^{(k)})^2-F_n(u_n^{(k)})\right)+\frac{1}{4}\sum_{n=-kT}^{kT-1}\left(f_n(u_n^{(k)})u_n^{(k)}-\gamma(u_n^{(k)})^2\right),\\&\geqslant\sum_{n=-kT}^{kT-1}\left(\frac{1}{4}f_n(u_n^{(k)})u_n^{(k)}-\frac{\gamma}{4}(u_n^{(k)})^2\right)\geqslant\frac{\delta-\gamma}{4}\left\|\boldsymbol{u}^{(k)}\right\|_k^2.\end{aligned} \quad (5\text{-}32)$$

$\{\boldsymbol{u}^{(k)}\}$ 在 E_k 中是有界的，特别地，（5-31）暗示

$$|u_n^{(k)}|\leqslant 2\sqrt{\frac{M_1}{\delta-\gamma}},$$

即

$$\|\boldsymbol{u}^{(k)}\|_{k\infty}\leqslant 2\sqrt{\frac{M_1}{\delta-\gamma}}=\mu.$$

另一方面，从（5-15）知，有

$$\begin{aligned}\frac{\delta}{2}\|\boldsymbol{u}^{(k)}\|_k^2&\leqslant(L\boldsymbol{u}^{(k)}-\omega\boldsymbol{u}^{(k)},\boldsymbol{u}^{(k)})_k\\&=\langle J_k'(\boldsymbol{u}^{(k)}),\boldsymbol{u}^{(k)}\rangle+\sum_{n=-kT}^{kT-1}f_n(u_n^{(k)})u_n^{(k)}\leqslant\sum_{n=-kT}^{kT-1}\left|f_n(u_n^{(k)})u_n^{(k)}\right|.\end{aligned} \quad (5\text{-}33)$$

从 (F_1) 知，令 $\varepsilon=\frac{\delta}{4}-|q|>0$, 我们能找到一个正数 ξ 使得

$$0\leqslant|f_n(t)t|<\frac{\delta}{4}t^2, n\in\mathbb{Z}\text{和}|t|\leqslant\xi. \quad (5\text{-}34)$$

从（5-33）知，当 $n\in\mathbb{Z}$ 时，我们有 $|u_n^{(k)}|\geqslant\xi$. 所以 $\|\boldsymbol{u}^{(k)}\|_{k\infty}\geqslant\xi$.

现在，我们给出主要结论和证明 .

定理 5.2.3：

假设 $(F_1) \sim (F_3)$ 成立 . 如果 $d > \beta - \omega$ 和 $\omega \notin \sigma(L-d)$, 则方程（5-10）有至少一个非平凡解 $\boldsymbol{u} \in l^2$.

证明：

设 $\boldsymbol{u}^{(k)} = \{u_n^{(k)}\} \in E_k$ 是定理 5.2.3 中得到的临界点，并且存在 $n_k \in \mathbb{Z}$ 使得

$$\xi \leqslant u_{n_k}^{(k)} \leqslant \mu. \tag{5-35}$$

注意到

$$a_n u_{n+1}^{(k)} + a_{n-1} u_{n-1}^{(k)} + (b_n - \omega) u_n^{(k)} = f_n(u_n^{(k)}),\ \ n \in \mathbb{Z}. \tag{5-36}$$

由方程（5-36）的系数是周期的知，$\{u_{n+T}^{(k)}\}$ 也是方程（5-36）的一个解，对方程（5-36）的解可以适当地平移，我们能假设（5-35）中的 $0 \leqslant n_k \leqslant T-1$. 进一步，能取 $\{\boldsymbol{u}^{(k)}\}$ 中的一个子列，仍记为 $\{\boldsymbol{u}^{(k)}\}$, 满足 $n_k = n^*$ 和 $0 \leqslant n^* \leqslant T-1$. 由（5-35）可知，对所有的 $n \in \mathbb{Z}$，当 $k \to \infty$， $u_n^{(k)} \to u_n$. 对（5-36）求极限，我们得到：

$$a_n u_{n+1} + a_{n-1} u_{n-1} + (b_n - \omega) u_n = f_n(u_n), n \in \mathbb{Z}, \tag{5-37}$$

$\boldsymbol{u}$ 是（5-10）的一个非零解，现在，我们要验证 $\boldsymbol{u} = \{u_n\} \in l^2$. 设 $s \in \mathbb{N}$, 令 $k > s$. 由（5-32）有

$$\sum_{n=-s}^{s} (u_n^{(k)})^2 \leqslant \| u^{(k)} \|_k^2 \leqslant \frac{4M_1}{\delta - \gamma}.$$

令 $k \to \infty$. 有

$$\sum_{n=-s}^{s} (u_n)^2 \leqslant \frac{4M_1}{\delta - \gamma}.$$

由 s 的任意性可知，$u = u_n \in l^2$.

参考文献：

[1]Liu X，Malomed B A，Zeng，J.Localized modes in nonlinear fractional systems

with deep lattices[J].Advanced Theory and Simulations，2022,5，2100482.

[2]Kopidakis G，Aubry S，Tsironis G P.Targeted energy transfer through discrete breathers in nonlinear systems[J].Physical review letters，2001,87(16)，5501.

[3]Pankov A.Periodic nonlinear Schrödinger equation with application to photonic crystals[J].Milan Journal of Mathematics，2005,73(1)：259-287.

[4]Aubry S.Breathers in nonlinear lattices：existence，linear stability and quantization[J]Physica D Nonlinear Phenomena，1997,103(1-4)：201-250.

[5]Henning D，Tsironis G P.Wave transmission in nonlinear lattices[J].Physics Reports，1999, 307(5-6)：333-432.

[6]Lin G H，Yu J S，Zhou Z.Homoclinic solutions of discrete nonlinear Schrödinger equations with partially sublinear nonlinearities[J]Electronic Journal of Differential Equations，2019，2019(96)：1-14.

[7]Lin G H，Zhou Z，Yu J S.Ground state solutions of discrete asyptotically linear Schrödinger equations with bounded and non-periodic potentials[J]Journal of Dynamics and Differential Equations，2020，32(2)：527-555.

[8]Moreira F C，Cavalcanti S B.Gap solitons in one-dimensional $\chi^{(2)}$ hetero-structures induced by the thermo-optic effect[J].Optical Materials，2021,122，111666.

[9]Meng H，Zhou Y，Li X.Gap solitons in Bose CEinstein condensate loaded in a honeycomb optical lattice：Nonlinear dynamical stability，tunneling，and self-trapping[J].Physica A: Statistical Mechanics and its Applications，2021,577，126087.

[10]Lin G H，Yu J S.Existence of a ground-state and infinitely many homoclinic solutions for a periodic discrete system with sign-changing mixed nonlinearities[J] The Journal of Geometric Analysis，2022,23(4)：121-35.

[11]Lin G H，Yu J S.Homoclinic solutions of periodic discrete Schrödinger equations with local superquadratic conditions[J].siam journal on mathematical analysis，2022, 54(2)：1966-2005.

[12]Gatz S，Herrmann J.Soliton propagation in materials with saturable

nonlinearity[J].Journal of the Optical Society of America B，1991, 8, 2296-2302.

[13]Gatz S，Herrmann J.Soliton propagation and soliton collision in double-doped fibers with a non-Kerr-like nonlinear refractive-index change[J].Optics Letters，1992,17(7)：484-486.

[14]Teschl G.Jacobi operators and completely integrable nonlinear lattices[M]. Providence，RI：American Mathematical Society，2000.

[15]Wang Z G，Hui Y X，Pang L Y.Gap solitons in periodic difference equations with sign-changing saturable nonlinearity[J].AIMS Mathematics，2022，7（10），18824-18836.

[16]Pankov A.Gap solitons in periodic discrete nonlinear Schrödinger equations[J]. Nonlinearity，2006,19，27-40.

[17]Pankov A，Rothos V.Periodic and decaying solutions in discrete nonlinear Schrödinger with saturable nonlinearity[J].Proceedings of the Royal Society A Mathematical Physical & Engineering Sciences，2008,464(2100)，3219-3236.

[18]Pankov A.Gap solitons in periodic discrete nonlinear Schrödinger equations with saturable nonlinearities[J].Journal of Mathematical Analysis and Applications，201,371(1)：254-265.

第 6 章　非周期系数的差分方程同宿解

6.1　具有无界势能的 Kirchhoff 型差分方程多个同宿解的存在性

本节研究如下一类具有无界势能且依赖参数 λ 的 Kirchhoff 型差分方程多个同宿解的存在性 [1]：

$$\begin{cases} -\left(a+b\sum_{k\in\mathbb{Z}}|\Delta u(k-1)|^2\right)\Delta^2 u(k-1)+V(k)u(k)=\lambda f(k,u(k)), k\in\mathbb{Z}, \\ u(k)\to 0, |k|\to+\infty, \end{cases} \tag{6-1}$$

其中，λ 是一个正实参数；$a\geqslant 1$ 和 $b>0$ 都是实数、假设非线性项 $f(k,\cdot)\in C(\mathbb{R},\mathbb{R})$ 和势能 $V(k)$ 满足下列条件：

(G_1) 对 $\forall k\in\mathbb{Z}, V(k)>1$ 且 $\lim\limits_{|k|\to+\infty} V(k)=+\infty$；

(G_2) 当 $|t|\to 0$ 时，$\dfrac{f(k,t)}{t}$ 在 $\mathbb{Z}$ 上一致收敛于 0；

(G_3) 存在一个正实数 $0<\alpha<1$ 和 $\omega\in l^2$，对 $\forall k\in\mathbb{Z}$ 和 $t\in\mathbb{R}$，都有

$$|f(k,t)|\leqslant \omega(k)|t|^{\alpha}.$$

问题（6-1）可以看成下面一维 Kirchhoff 型微分方程的离散化：

$$\begin{cases} -\left(a+b\int_{\mathbb{R}}|u'(x)|^2\,\mathrm{d}x\right)u''(x)+V(x)u(x)=\lambda f(x,u(x)), x\in\mathbb{R}, \\ u(x)\to 0, |x|\to+\infty. \end{cases} \tag{6-2}$$

从现有文献看，对于 Kirchhoff 型偏微分方程的研究成果较多，作者主要集中

研究非线性项在零点或无穷远处的可解性条件．例如：当非线性项在无穷远处满足 $\lim\limits_{|u|\to\infty}\dfrac{f(\boldsymbol{x},\boldsymbol{u})}{|\boldsymbol{u}|^3}=\infty$ 时，Wu 在 2011 年研究了如下带有势能项 V 的 Kirchhoff 型偏微分方程的高能量解序列存在性问题[2]：

$$\begin{cases}-\left(a+b\int_{\mathbb{R}^n}|\nabla u|^2\,\mathrm{d}\boldsymbol{x}\right)\Delta\boldsymbol{u}+V(\boldsymbol{x})\boldsymbol{u}=f(\boldsymbol{x},\boldsymbol{u}),\boldsymbol{x}\in\mathbb{R}^n,\\ u(\boldsymbol{x})\to 0,\|x\|\to+\infty,\end{cases}\tag{6-3}$$

目前，现有的关于 Kirchhoff 型差分方程研究成果主要考虑在有限维的实 Banach 空间中研究[3-7]，例如：Chakrone 等[6]在 T 维实空间中利用三解定理证明了如下带有 $p-$ 拉普拉斯差分算子的 Kirchhoff 型方程多解的存在性．

$$\begin{cases}M(\|\boldsymbol{u}\|^p)(-\Delta\phi_p(\Delta u(k-1)))+q(k)\phi_p(u(k))=\lambda f(k,u(k)),k\in\mathbb{Z}(1,T),\\ \Delta u(0)=\Delta u(T)=0,\end{cases}\tag{6-4}$$

当 λ 属于一个有限区间时，Heidarkhani 等人进一步证明了方程（6-4）有无穷多个解，并且这些解是无界的．

据作者所知，关于 Kirchhoff 型的差分方程同宿解的存在性研究成果很少，而大部分研究差分方程同宿解的文献主要是考虑带有 $p-$ 拉普拉斯差分算子的差分方程[8-10].2010 年，Cabada 等[8]在文中研究了系数为周期的 $p-$ 拉普拉斯差分方程的同宿解的存在性：

$$\begin{cases}\Delta\phi_p(\Delta u(k-1))-V(k)u(k)|u(k)|^{q-2}+\lambda f(k,u(k))=0,k\in\mathbb{Z},\\ u(k)\to 0,|k|\to+\infty.\end{cases}\tag{6-5}$$

许多学者也研究了如下带有 $p-$；拉普莱斯差分算子的差分方程的同宿解问题：

$$\begin{cases}-\Delta(\varphi_p(a(k)\Delta u(k-1)))+b(k)u(k)\varphi_p(u(k))=\lambda f(k,u(k)),k\in\mathbb{Z},\\ u(k)\to 0,|k|\to+\infty.\end{cases}\tag{6-6}$$

6.1.1 预备工作

为了研究我们的主要结论，我们首先给出问题（6-1）的能量泛函以及相关的定义和引理．

令 S 为所有实序列构成的一个向量空间

$$S=\{u=\{u(k)\}\mid \boldsymbol{u}(k)\in\mathbb{R},k\in\mathbb{Z}\}.$$

在 (G_1) 的假设下，我们给出下面的空间

$$E=\{\boldsymbol{u}\in S\mid a\sum_{k\in\mathbb{Z}}|\Delta u(k-1)|^2+\sum_{k\in\mathbb{Z}}V(k)\,|\,u(k)|^2<+\infty\}. \tag{6-7}$$

显然，E 是一个 Hilbert 空间，其相应的范数为

$$\|\boldsymbol{u}\|=\left(a\sum_{k\in\mathbb{Z}}|\Delta u(k-1)|^2+\sum_{k\in\mathbb{Z}}V(k)\,|\,u(k)|^2\right)^{1/2}. \tag{6-8}$$

引理 6.1.1：

若条件 (G_1) 成立，则嵌入 $E\to l^2$ 是列紧的 .

证明：

我们容易验证对于任意的 $\boldsymbol{u}\in E,\|\boldsymbol{u}\|_{l^2}\leqslant\|\boldsymbol{u}\|$, 因此，嵌入 $E\to l^2$ 是连续的 . 下面证明该嵌入是列紧的，令 $\{u_n\}\subset E$ 是有界序列，则存在 $M_1>0$，对任意的 $n\in\mathbb{Z}$, 有 $\|\boldsymbol{u}_n\|<M_1$. 由于 E 是自反空间，存在 $\{\boldsymbol{u}_n\}$ 的一个子序列满足 $\boldsymbol{u}_n\xrightarrow{\text{弱收敛}}\boldsymbol{u},\boldsymbol{u}\in E$. 不失一般性，我们可以假设 $\boldsymbol{u}=0$, 并且当 $n\to+\infty$ 时，$u_n(k)\to 0,\forall k\in\mathbb{Z}$. 从 (G_1) 条件知，对任意的 $\varepsilon>0$, 我们能找到一个 $h\in\mathbb{Z}$ 使得当 $|k|>h$, 有 $V(k)>\dfrac{M_1+1}{\varepsilon}$.

从有限个函数和的连续性知，存在一个 $n_0\in\mathbb{Z}$ 使得当 $n>n_0$ 时，

$$\sum_{|k|\leqslant h}|u_n(k)|^2<\frac{\varepsilon}{M_1+1}.$$

所以当 $n>n_0$ 时，

$$\sum_{k\in\mathbb{Z}}|u_n(k)|^2<\frac{\varepsilon}{M_1+1}+\frac{\varepsilon}{M_1+1}\sum_{|k|>h}V(k)\,|\,u_n(k)|^2<\frac{\varepsilon}{M_1+1}(1+\|\boldsymbol{u}_n\|^2).$$

因此，嵌入 $E\to l^2$ 是列紧的 .

对任意 $u\in E$，令

$$\Phi_1(\boldsymbol{u})=\frac{1}{2}\left(a\sum_{k\in\mathbb{Z}}|\Delta u(k-1)|^2+\sum_{k\in\mathbb{Z}}V(k)\,|\,u(k)|^2\right)$$

和

$$\Phi_2(\boldsymbol{u})=\frac{b}{4}\left(\sum_{k\in\mathbb{Z}}|\Delta u(k-1)|^2\right)^2.$$

定义

$$\Phi(\boldsymbol{u})=\Phi_1(\boldsymbol{u})+\Phi_2(\boldsymbol{u})\text{ 和 }\Psi(\boldsymbol{u})=-\sum_{k\in\mathbb{Z}}F(k,u(k)),$$

其中

$$F(k,t)=\int_0^t f(k,s)\mathrm{d}s.$$

下面我们将证明 $J_\lambda(\boldsymbol{u})=\Phi(\boldsymbol{u})+\lambda\Psi(\boldsymbol{u})$ 是对应问题（6-1）的能量泛函 .

引理 6.1.2：

若条件 (G_1) 成立，则 $\Phi\in C^1(E)$，并且有

$$\langle\Phi'(\boldsymbol{u}),\boldsymbol{v}\rangle=\left(a+b\sum_{k\in\mathbb{Z}}|\Delta u(k-1)|^2\right)\sum_{k\in\mathbb{Z}}\Delta u(k-1)\Delta v(k-1)+\sum_{k\in\mathbb{Z}}V(k)u(k)v(k),\boldsymbol{u},\boldsymbol{v}\in E.$$

证明：

首先证明 $\Phi_1\in C^1(E)$. 任取 $\boldsymbol{u},\boldsymbol{v}\in E$, 一定存 $R>0$ 使得 $\|\boldsymbol{u}\|<R,\|\boldsymbol{v}\|<R$，则下面极限是成立的：

$$\lim_{\tau\to0}\sum_{k\in\mathbb{Z}}\frac{|\Delta u(k-1)+\tau\Delta v(k-1)|^2-|\Delta u(k-1)|^2}{\tau}=2\sum_{k\in\mathbb{Z}}\Delta u(k-1)\Delta v(k-1).\quad(6\text{-}9)$$

事实上，对任意的 $\varepsilon>0$，存在一个 $h>0$, 有 $\left(\sum_{|k|>h}|\Delta v(k-1)|^2\right)^{\frac{1}{2}}<\varepsilon$. 进一步，取 $0<\delta(\varepsilon)<1$，当 $|\tau|<\delta(\varepsilon)$ 时，有

$$\sum_{|k|<h}\left|\frac{|\Delta u(k-1)+\tau\Delta v(k-1)|^2-|\Delta u(k-1)|^2}{\tau}-2\Delta u(k-1)\Delta v(k-1)\right|<\varepsilon.$$

当 $|k|>h$ 时，由中值定理，我们有 $|\theta_k|<|\tau|<\delta(\varepsilon)$ 使得 $\|\boldsymbol{u}+\theta_k\boldsymbol{v}\|\leqslant 2R$ 和

$$\frac{|\Delta u(k-1)+\tau\Delta v(k-1)|^2-|\Delta u(k-1)|^2}{\tau}=2\Delta(u(k-1)+\theta_k v(k-1))\Delta v(k-1).$$

于是，有

$$\left|\sum_{k\in\mathbb{Z}}\left(\frac{|\Delta u(k-1)+\tau\Delta v(k-1)|^2-|\Delta u(k-1)|^2}{\tau}-2\Delta u(k-1)\Delta v(k-1)\right)\right|$$

$$\leqslant \varepsilon+2\sum_{|k|>h}|\Delta u(k-1)\Delta v(k-1)|+2\sum_{|k|>h}|\Delta(u(k-1)+\theta_k v(k-1))\Delta v(k-1)|$$

$$\leqslant \varepsilon+2\left(\sum_{|k|>h}\left|\Delta u(k-1)\right|^2\right)^{\frac{1}{2}}\left(\sum_{|k|>h}\left|\Delta v(k-1)\right|^2\right)^{\frac{1}{2}}$$

$$+2\left(\sum_{|k|>h}|\Delta(u(k-1)+\theta_k v(k-1))|^2\right)^{\frac{1}{2}}\left(\sum_{|k|>h}|\Delta v(k-1)|^2\right)^{\frac{1}{2}}$$

$$\leqslant \varepsilon+2\varepsilon\|\boldsymbol{u}\|+2\varepsilon\|\boldsymbol{u}+\theta_k\boldsymbol{v}\|$$

$$\leqslant \varepsilon+2R\varepsilon+4R\varepsilon=(1+6R)\varepsilon.$$

由文献 [8] 性质 5 可知下式也成立：

$$\lim_{\tau\to 0}\sum_{k\in\mathbb{Z}}\frac{V(k)|u(k)+\tau v(k)|^2-V(k)|u(k)|^2}{\tau}=2\sum_{k\in\mathbb{Z}}V(k)u(k)v(k).$$

从（6-9）和（6-10），我们有

$$\lim_{\tau\to 0}\frac{\Phi_1(\boldsymbol{u}+\tau\boldsymbol{v})-\Phi_1(\boldsymbol{u})}{\tau}=a\sum_{k\in\mathbb{Z}}\Delta u(k-1)\Delta v(k-1)+\sum_{k\in\mathbb{Z}}V(k)u(k)v(k).$$

因此，Φ_1 是 *Gâteaux* 可导的 . 下面证明 $\Phi_1':E\to E$ 上连续的，令 $\{u_n\}$ 是 E 中的一个收敛序列且 $\boldsymbol{u}_n\to\boldsymbol{u},\boldsymbol{u}\in E$. 对任意的 $\boldsymbol{v}\in E$, 我们有

$$|\langle\Phi_1'(\boldsymbol{u}_n),\boldsymbol{v}\rangle-\langle\Phi_1'(\boldsymbol{u}),\boldsymbol{v}\rangle|$$

$$=\left|a\sum_{k\in\mathbb{Z}}\Delta(u_n(k-1)-u(k-1))\Delta v(k-1)+\sum_{k\in\mathbb{Z}}V(k)(u_n(k)-u(k))v(k)\right|$$

$$\leqslant a\left(\sum_{k\in\mathbb{Z}}|\Delta(u_n(k-1)-u(k-1))|^2\right)^{\frac{1}{2}}\left(\sum_{k\in\mathbb{Z}}|\Delta v(k-1)|^2\right)^{\frac{1}{2}}$$

$$+\left(\sum_{k\in\mathbb{Z}}V(k)|u_n(k)-u(k)|^2\right)^{\frac{1}{2}}\left(\sum_{k\in\mathbb{Z}}V(k)|v(k)|^2\right)^{\frac{1}{2}}$$

$$\leqslant a\|\boldsymbol{u}_n-\boldsymbol{u}\|\cdot\|\boldsymbol{v}\|.$$

当 $n\to+\infty$ 时，有

$$\|\Phi_1'(\boldsymbol{u}_n)-\Phi_1'(\boldsymbol{u})\|=\sup\{|\langle\Phi'(\boldsymbol{u}_n),\boldsymbol{v}\rangle-\langle\Phi'(\boldsymbol{u}),\boldsymbol{v}\rangle|\,\big|\,\boldsymbol{v}\in E,\|\boldsymbol{v}\|=1\}$$
$$\leqslant a\|\boldsymbol{u}_n-\boldsymbol{u}\|\cdot\|\boldsymbol{v}\|\to 0.$$

因此，$\Phi_1':E\to E$ 上连续的，从（6-9）和复合函数连续性定义，可知 $\Phi_2\in C^1(E)$.

类似文献 [8] 中的性质 6，我们有下面引理成立 .

引理 6.1.3：

若 $f(k,t)$ 满足条件 (G_2) 时，则 $\Psi\in C^1(E)$，并且有

$$<\Psi'(\boldsymbol{u}),\boldsymbol{v}>=-\sum_{k\in\mathbb{Z}}f(k,u(k))v(k),\boldsymbol{u},\boldsymbol{v}\in E. \tag{6-11}$$

显然，从引理 6.1.2 和引理 6.1.3 得到

$$\langle J_\lambda'(\boldsymbol{u}),\boldsymbol{v}\rangle=\left(a+b\sum_{k\in\mathbb{Z}}|\Delta u(k-1)|^2\right)\sum_{k\in\mathbb{Z}}\Delta^2u(k-1)v(k)+\sum_{k\in\mathbb{Z}}V(k)u(k)v(k)$$
$$-\lambda\sum_{k\in\mathbb{Z}}f(k,u(k))v(k),\boldsymbol{u},\boldsymbol{v}\in E.$$

从上式可知，$\boldsymbol{u}\in E$ 是泛函 $J_\lambda(\boldsymbol{u})=\Phi(\boldsymbol{u})+\lambda\Psi(\boldsymbol{u})$ 的临界点，当且仅当 $\boldsymbol{u}$ 是问题（6-1）的解，并且 $u(\pm\infty)=\Delta u(\pm\infty)=0$.

6.1.2 主要结论

为了证明我们的主要结论，我们先给出一些定义和引理 .

令 E 是一个自反实 Banach 空间，$I_\lambda:E\to\mathbb{R}$ 满足下面结构性假设 .

(H) 假设 λ 是一个正的实参数，在 E 上定义泛函 $I_\lambda(\boldsymbol{u})=\Phi(\boldsymbol{u})+\lambda\Psi(\boldsymbol{u})$, 其中 $\Phi,\Psi\in C^1(E,\mathbb{R}),\Phi$ 是强制的：$\lim\limits_{\|\boldsymbol{u}\|\to+\infty}\Phi(\boldsymbol{u})=+\infty.$

令

$$\varphi_1(r)=\inf_{\boldsymbol{u}\in\Phi^{-1}(-\infty,r)}\frac{\Psi(\boldsymbol{u})-\inf\limits_{\boldsymbol{u}\in\Phi^{-1}(-\infty,r)}\Psi(\boldsymbol{u})}{r-\Phi(\boldsymbol{u})}$$

和

$$\varphi_2(r)=\inf_{u\in\Phi^{-1}(-\infty,r)}\sup_{v\in\Phi^{-1}(r,+\infty)}\frac{\Psi(u)-\Psi(v)}{\Phi(v)-\Phi(u)}.$$

引理 6.1.4：[10]

假设 (H) 和下列条件成立：

(a_1) 对任意的 $\lambda>0$, 泛函 $I_\lambda=\Phi(u)+\lambda\Psi(u)$ 满足 Palais-Smale 条件，并且是有下界的；

(a_2) 存在实数 $r>\inf_E \Phi$ 使得 $\varphi_1(r)<\varphi_2(r)$.

那么，当 $\lambda\in\left(\dfrac{1}{\varphi_2(r)},\dfrac{1}{\varphi_1(r)}\right)$ 时，I_λ 至少有三个临界点 .

引理 6.1.5：

假设条件 $(G_1)\sim(G_3)$ 成立，那么，J_λ 满足 Palais-Smale 条件 .

证明：

由引理 6.1.2 和 6.1.3，可知 $J_\lambda\in C^1(E,\mathbb{R})$，令 $\{u_n\}$ 是实 Banach 空间 E 中的任一序列，$\{J_\lambda(u_n)\}$ 是有界的，并且当 $n\to+\infty$ 时，$J'_\lambda(u_n)\to 0$. 由 $\{J_\lambda(u_n)\}$ 的有界性知，一定存在一个正常数 $C\in\mathbb{R}$ 使得 $|J_\lambda(u_n)|\leqslant C$. 我们首先证明序列 $\{u_n\}$ 是有界的 .

不妨先假设序列 $\{u_n\}$ 是无界的，即：当 $n\to\infty$ 时，$\|u_n\|\to+\infty$. 由次线性增长条件 (G_3)，我们有

$$\begin{aligned}C&\geqslant J_\lambda(u_n)\\&=\frac{1}{2}\left(a\sum_{k\in\mathbb{Z}}|\Delta u_n(k-1)|^2+\sum_{k\in\mathbb{Z}}V(k)|u_n(k)|^2\right)+\frac{b}{4}\left(\sum_{k\in\mathbb{Z}}|\Delta u_n(k-1)|^2\right)^2-\lambda\sum_{k\in\mathbb{Z}}F(k,u_n(k))\\&\geqslant\frac{1}{2}\|u_n\|^2-\lambda\sum_{k\in\mathbb{Z}}\omega(k)|u_n(k)|^{\alpha+1}\\&\geqslant\frac{1}{2}\|u_n\|^2-\lambda\|\omega\|_{l^2}\|u_n\|^{\alpha+1}.\end{aligned}$$

令 $\|u_n\|\to+\infty$，推出矛盾，因此，$\|u_n\|$ 是有界的 .

另外，从上式

$$J_{\lambda}(\boldsymbol{u})\geqslant\frac{1}{2}\|\boldsymbol{u}_n\|^2-\lambda\|\boldsymbol{\omega}\|_{l^2}\|\boldsymbol{u}_n\|^{\alpha+1},\tag{6-12}$$

容易看出能量泛函 $J_{\lambda}(u)$ 是有下界的.

由引理 6.1.1 知，从 $\{\boldsymbol{u}_n\}$ 中取出一个子列（仍记为 $\{\boldsymbol{u}_n\}$），$\boldsymbol{u}_n\rightharpoonup\boldsymbol{u}\in E$，$\boldsymbol{u}_n\to\boldsymbol{u}\in l^2$，并且对每一个 k 都有 $u_n(k)\to u(k),n\to+\infty$.

经计算容易得

$$\left(\sum_{k\in\mathbb{Z}}|\Delta(u_n(k-1)-u(k-1))|^2\right)^{\frac{1}{2}}\leqslant 2\|\boldsymbol{u}_n-\boldsymbol{u}\|_{l^2}\tag{6-13}$$

和

$$\begin{aligned}\sum_{k\in\mathbb{Z}}|\Delta u_n(k-1)|^2&\leqslant\sum_{k\in\mathbb{Z}}(|\Delta(u_n(k-1)-u(k-1))|+|\Delta u(k-1)|)^2\\&\leqslant 2\sum_{k\in\mathbb{Z}}|\Delta(u_n(k-1)-u(k-1))|^2+2\sum_{k\in\mathbb{Z}}|\Delta u(k-1)|^2\\&\leqslant 8\|\boldsymbol{u}_n-\boldsymbol{u}\|_{l^2}^2+2\sum_{k\in\mathbb{Z}}|\Delta u(k)|^2 .\end{aligned}\tag{6-14}$$

从 J_{λ} 满足 Palais-Smale 序列，可得

$$\begin{aligned}&\|\boldsymbol{u}_n-\boldsymbol{u}\|^2=<J_{\lambda}'(\boldsymbol{u}_n)-J_{\lambda}'(\boldsymbol{u}),\\&\boldsymbol{u}_n-\boldsymbol{u}>-b\sum_{k\in\mathbb{Z}}|\Delta u_n(k-1)|^2\cdot\sum_{k\in\mathbb{Z}}\Delta u_n(k-1)\Delta(u_n(k-1)-u(k-1))\\&+b\sum_{k\in\mathbb{Z}}|\Delta u(k-1)|^2\cdot\sum_{k\in\mathbb{Z}}\Delta u(k-1)\Delta(u_n(k-1)-u(k-1))\\&+\lambda\sum_{k\in\mathbb{Z}}(f(t,u_n(k))-f(t,u(k)))(u_n(k)-u(k))\end{aligned}$$

结合（6-13）和（6-14），我们有

$$\begin{aligned}&\|\boldsymbol{u}_n-\boldsymbol{u}\|^2\\&\leqslant<J_{\lambda}'(\boldsymbol{u}_n)-J_{\lambda}'(\boldsymbol{u}),\boldsymbol{u}_n-\boldsymbol{u}>+b\sum_{k\in\mathbb{Z}}|\Delta u_n(k-1)|^2\cdot\sum_{k\in\mathbb{Z}}|\Delta u_n(k-1)\Delta(u_n(k-1)-u(k-1))|\\&+b\sum_{k\in\mathbb{Z}}|\Delta u(k)|^2\cdot\sum_{k\in\mathbb{Z}}|\Delta u(k-1)\Delta(u_n(k-1)-u(k-1))|\\&+\lambda\sum_{k\in\mathbb{Z}}(f(t,u_n(k))-f(t,u(k)))(u_n(k)-u(k))\end{aligned}$$

$$\leqslant <J'_\lambda(\boldsymbol{u}_n)-J'_\lambda(\boldsymbol{u}),\boldsymbol{u}_n-\boldsymbol{u}> +b\left(\sum_{k\in\mathbb{Z}}|\Delta u_n(k-1)|^2\right)^{\frac{3}{2}}\cdot\left(\sum_{k\in\mathbb{Z}}|\Delta(u_n(k-1)-u(k-1))|^2\right)^{\frac{1}{2}}$$
$$+b\left(\sum_{k\in\mathbb{Z}}|\Delta u(k)|^2\right)^{\frac{3}{2}}\cdot\left(\sum_{k\in\mathbb{Z}}|\Delta(u_n(k-1)-u(k-1))|^2\right)^{\frac{1}{2}}$$
$$+\lambda\sum_{k\in\mathbb{Z}}(f(t,u_n(k))-f(t,u(k)))(u_n(k)-u(k))$$

$$\leqslant <J'_\lambda(\boldsymbol{u}_n)-J'_\lambda(\boldsymbol{u}),\boldsymbol{u}_n-\boldsymbol{u}> +2b\left(8\|\boldsymbol{u}_n-\boldsymbol{u}\|_{l^2}^2+2\sum_{k\in\mathbb{Z}}|\Delta u(k)|^2\right)^{\frac{3}{2}}\cdot\|\boldsymbol{u}_n-\boldsymbol{u}\|_{l^2}$$
$$+2b\left(\sum_{k\in\mathbb{Z}}|\Delta u(k)|^2\right)^{\frac{3}{2}}\cdot\|\boldsymbol{u}_n-\boldsymbol{u}\|_{l^2} \tag{6-15}$$
$$+\lambda\sum_{k\in\mathbb{Z}}(f(t,u_n(k))-f(t,u(k)))(u_n(k)-u(k)).$$

由假设条件 (G_2) 知，对任意的 $\forall\varepsilon>0$，存在 $\delta>0$ 和一个充分大 $h\in\mathbb{N}$，对每一个 $|k|>h$，当 $|u(k)|<\delta$ 时，有 $|f(k,u(k))|<\varepsilon|u(k)|$. 进一步，由于序列 $\{\boldsymbol{u}_n\}$ 是有界的，则存在一个正常数 $\hat{M}>0$ 使得 $|u_n(k)|\leqslant\hat{M},k\in\mathbb{Z},n\in\mathbb{N}$.

首先，我们将对下面求和进行估计：

$$\begin{aligned}&\sum_{k\in\mathbb{Z}}(f(k,u_n(k))-f(k,u(k)))(u_n(k)-u(k))\\&=\sum_{k=-h}^{k=h}(f(k,u_n(k))-f(k,u(k)))(u_n(k)-u(k))\\&\quad+\sum_{|k|>h}(f(k,u_n(k))-f(k,u(k)))(u_n(k)-u(k))\end{aligned}$$

由 $f(k,t)$ 对 t 的连续性和 $u_n(k)\to u(k)$ 知，当 $n\to\infty$ 时，等式右边的第一项是收敛于 0 . 对于第二项，我们使用 (G_3) 估计下面不等式：

$$\begin{aligned}&\sum_{|k|>h}(f(k,u_n(k))-f(k,u(k)))(u_n(k)-u(k))\\&\leqslant\sum_{|k|>h}|f(k,u_n(k))-f(k,u(k))|\cdot|(u_n(k)-u(k)|\\&\leqslant\sum_{|k|>h}\left(\omega(k)|u_n(k)|^\alpha+\varepsilon|u(k)|\right)|u_n(k)-u(k)|\\&\leqslant\hat{M}^\alpha\sum_{k\in\mathbb{Z}}\omega(k)|u_n(k)-u(k)|+\varepsilon\sum_{k\in\mathbb{Z}}|u(k)||u_n(k)-u(k)|\\&\leqslant\hat{M}^\alpha\|\omega\|_{l^2}\|\boldsymbol{u}_n-\boldsymbol{u}\|_{l^2}+\varepsilon\|\boldsymbol{u}\|_{l^2}\|\boldsymbol{u}_n-\boldsymbol{u}\|_{l^2}\to 0.\end{aligned}$$

所以，当$n\to\infty$时，有

$$\sum_{k\in\mathbb{Z}}(f(k,u_n(k))-f(k,u(k)))(u_n(k)-u(k))\to 0. \tag{6-16}$$

另外，我们有

$$<J_\lambda'(\boldsymbol{u}_n)-J_\lambda'(\boldsymbol{u}),\boldsymbol{u}_n-\boldsymbol{u}>=<J_\lambda'(\boldsymbol{u}_n),\boldsymbol{u}_n-\boldsymbol{u}>\to 0. \tag{6-17}$$

对（6-15）两端同时取极限，可得$\|\boldsymbol{u}_n-\boldsymbol{u}\|\to 0$.

定理 6.1.1：

假设条件$(\mathrm{H}),(\mathrm{G}_1)\sim(\mathrm{G}_3)$成立，并且存在两个实数$c,d$满足$\dfrac{c^2b+1}{2b}<d^2$，使得

$$\frac{4b\sum\limits_{k\in\mathbb{Z}}\max\limits_{|\xi|\leqslant c}F(k,\xi)}{(c^2b+1)^2-1}\leqslant 2\frac{F(l,d)-\sum\limits_{k\in\mathbb{Z}}\max\limits_{|\xi|\leqslant c}F(k,\xi)}{(2a+V(l))d^2+2bd^4}, \tag{6-18}$$

那么，对任意的

$$\lambda\in\left(\frac{1}{2}\frac{(2a+V(l))d^2+2bd^4}{F(l,d)-\sum\limits_{k\in\mathbb{Z}}\max\limits_{|\xi|\leqslant c}F(k,\xi)},\frac{(c^2b+1)^2-1}{4b\sum\limits_{k\in\mathbb{Z}}\max\limits_{|\xi|\leqslant c}F(t,\xi)}\right),$$

问题（6-1）至少有三个同宿解 .

证明：

下面我们将用引理 6.1.4 来证明我们的主要结论 . 由引理 6.1.2 和 6.1.3 可知$\Phi,\Psi\in C^1(E,\mathbb{R})$，并且有

$$\Phi(\boldsymbol{u})=\frac{1}{2}\left(a\sum_{k\in\mathbb{Z}}|\Delta u(k-1)|^2+\sum_{k\in\mathbb{Z}}V(k)|u(k)|^2\right)+\frac{b}{4}\left(\sum_{k\in\mathbb{Z}}|\Delta u(k-1)|^2\right)^2\geqslant\frac{1}{2}\|\boldsymbol{u}\|^2.$$

显然，$\Phi(\boldsymbol{u})$是强制的，Φ和Ψ满足假设(H) . 由引理 6.1.5，J_λ满足 Palais-Smale 条件 .

另外，由（6-12）式知，当$\|\boldsymbol{u}\|\to+\infty$时，$J_\lambda(\boldsymbol{u})$是有下界的 . 因此，引理 6.1.4 的条件$(\mathrm{a}_1)$满足，下面我们验证条件$(\mathrm{a}_2)$.

令

$$r=\frac{(c^2b+1)^2-1}{4b}.$$

当 $\boldsymbol{u} \in E$ 时，有

$$\varPhi(\boldsymbol{u}) = \frac{1}{2}\left(a\sum_{k\in\mathbb{Z}}|\Delta u(k-1)|^2 + \sum_{k\in\mathbb{Z}} V(k)\,|u(k)|^2\right) + \frac{b}{4}\left(\sum_{k\in\mathbb{Z}}|\Delta u(k-1)|^2\right)^2$$
$$\leqslant \frac{1}{2}\|\boldsymbol{u}\|^2 + \frac{b}{4}\|\boldsymbol{u}\|^4.$$

如果 $\frac{1}{2}\|\boldsymbol{u}\|^2 + \frac{b}{4}\|\boldsymbol{u}\|^4 < r$，那么有

$$|u(k)| \leqslant \|\boldsymbol{u}\|_\infty \leqslant \|u\| < \left(\frac{\sqrt{1+4rb}-1}{b}\right)^{\frac{1}{2}} < c, k \in \mathbb{Z}, \tag{6-19}$$

通过（6-19），我们有

$$\varphi_1(r) = \inf_{\boldsymbol{u}\in\varPhi^{-1}(-\infty,r)} \frac{\varPsi(\boldsymbol{u}) - \inf\limits_{u\in\varPhi^{-1}(-\infty,r)} \varPsi(\boldsymbol{u})}{r - \varPhi(\boldsymbol{u})}$$
$$\leqslant \frac{-\inf\limits_{\boldsymbol{u}\in\varPhi^{-1}(-\infty,r)} \varPsi(\boldsymbol{u})}{r} \leqslant \frac{4b\sum\limits_{k\in\mathbb{Z}}\max\limits_{|\xi|\leqslant c} F(k,\xi)}{(c^2b+1)^2-1}.$$

取 $e_l \in E$，$e_l(k) = \delta_{lk} d$；如果 $l = k$，$\delta_{lk} = 1$；若 $l \neq k$，$\delta_{lk} = 0$，$k \in \mathbb{Z}$．清楚地，$e_l \in E$，由于 $d^2 > \frac{c^2b+1}{2b}$，我们有

$$\Phi(e_l) = \frac{(2a+V(l))d^2 + 2bd^4}{2} > \frac{(c^2b+1)^2}{4b} > \frac{(c^2b+1)^2-1}{4b} = r.$$

于是，有

$$\varphi_2(r) = \inf_{\boldsymbol{u}\in\varPhi^{-1}(-\infty,r)} \sup_{\boldsymbol{v}\in\varPhi^{-1}(r,+\infty)} \frac{\varPsi(\boldsymbol{u}) - \varPsi(\boldsymbol{v})}{\varPhi(\boldsymbol{v}) - \varPhi(\boldsymbol{u})}$$
$$\geqslant \inf_{\boldsymbol{u}\in\varPhi^{-1}(-\infty,r)} \frac{F(l,d) - \sum\limits_{k\in\mathbb{Z}}\max\limits_{|\xi|\leqslant c} F(k,\xi)}{\frac{(2a+V(l))d^2 + 2bd^4}{2} - \varPhi(\boldsymbol{u})} \tag{6-20}$$
$$> 2\frac{F(l,d) - \sum\limits_{k\in\mathbb{Z}}\max\limits_{|\xi|\leqslant c} F(k,\xi)}{(2a+V(l))d^2 + 2bd^4}.$$

由（6-18）知，我们有 $\varphi_1(r) < \varphi_2(r)$，条件 (a_2) 是满足的．由引理 3.1，当

$$\lambda \in \left(\frac{1}{2} \frac{(2a+V(l))d^2 + 2bd^4}{F(l,d) - \sum\limits_{k\in\mathbb{Z}} \max\limits_{|\xi|\leqslant c} F(k,\xi)}, \frac{(c^2b+1)^2-1}{4b\sum\limits_{k\in\mathbb{Z}} \max\limits_{|\xi|\leqslant c} F(t,\xi)} \right),$$

问题（6-1）至少有三个同宿解 .

定理 6.1.2：

假设条件 (H),$(G_1)\sim(G_3)$ 成立，并且存在两个实数 c ，d 满足 $\frac{c^2b+1}{2b}<d^2$ 使得

$$(G_4)\max_{|\xi|\leqslant c} F(k,\xi)\leqslant 0, k\in\mathbb{Z} \text{ 和 } (G_5)\sum_{k\in\mathbb{Z}} F(k,\delta_{lk}d)>0$$

成立 . 那么，对任意 $\lambda \in \left(\frac{(2a+V(l))d^2+2bd^4}{2F(l,d)}, +\infty \right)$，问题（6-1）至少有三个同宿解 .

证明：

仍取 $r=\frac{(c^2b+1)^2-1}{4b}$ ，那么，从 $\Phi(\boldsymbol{u})<r$ 我们有 $\max\limits_{k\in\mathbb{Z}}\{|u(k)|\}<c$ ，再由 (G_4) ，可推得 $f(k,0)=0, k\in\mathbb{Z}$, 并且 $\inf\limits_{\Phi^{-1}(-\infty,r)} \Psi=0$ ，这就暗示 $\varphi_1(r)=0$.

仍然选定理 6.1.1 中的 $e_l\in E$ ，由条件 (G_4) 和 (G_5) 知，我们有

$$0<\sum_{k\in\mathbb{Z}} F(k,\delta_{lk}d)=F(l,d)<+\infty .$$

另外，有

$$\begin{aligned}
\varphi_2(r) &= \inf_{\boldsymbol{u}\in\Phi^{-1}(-\infty,r)} \sup_{\boldsymbol{v}\in\Phi^{-1}(r,+\infty)} \frac{\Psi(\boldsymbol{u})-\Psi(\boldsymbol{v})}{\Phi(\boldsymbol{v})-\Phi(\boldsymbol{u})} \\
&\geqslant \inf_{\boldsymbol{u}\in\Phi^{-1}(-\infty,r)} \frac{F(l,d)-\sum\limits_{k\in\mathbb{Z}}\max\limits_{|\xi|\leqslant c}\int_0^\xi f(k,s)\mathrm{d}s}{\frac{(2a+V(l))d^2+2bd^4}{2}-\Phi(\boldsymbol{u})}, \qquad (6\text{-}21) \\
&> \frac{2F(l,d)}{(2a+V(l))d^2+2bd^4}>0.
\end{aligned}$$

因此，我们有

$$\varphi_1(r)=0<\varphi_2(r),$$

由引理 6.1.4 知，当 $\lambda\in\left(\dfrac{(2a+V(l))d^2+2bd^4}{2F(l,d)},+\infty\right)$ 时，问题（6-1）至少有三个同宿解 .

例子 6.1.1：

我们考虑下面问题：

$$\begin{cases}-\left(2+4\sum_{k\in\mathbb{Z}}|\Delta u(k-1)|^2\right)\Delta^2u(k-1)+V(k)u(k)=\lambda f(k,u(k)),k\in\mathbb{Z},\\ u(k)\to 0,|k|\to+\infty,\end{cases}\quad\text{（6-22）}$$

其中，对 $\forall k\in\mathbb{Z}$，有

$$f(k,t)=\begin{cases}-\dfrac{4}{3}\sin\left(\dfrac{-\pi}{k^2+2}\right)+\dfrac{\pi}{k^2+2}\cos\left(\dfrac{-\pi}{k^2+2}\right),t<-1,\\ \dfrac{4}{3}t^{\frac{1}{3}}\sin\left(\dfrac{\pi t}{k^2+2}\right)+\dfrac{\pi t^{\frac{4}{3}}}{k^2+2}\cos\left(\dfrac{\pi t}{k^2+2}\right),-1\leqslant t\leqslant 0,\\ -\dfrac{4}{3}t^{\frac{1}{3}}\sin\left(\dfrac{\pi t}{k^2+2}\right)-\dfrac{\pi t^{\frac{4}{3}}}{k^2+2}\cos\left(\dfrac{\pi t}{k^2+2}\right),0<t\leqslant 1,\\ \dfrac{1}{3}\sin\left(\dfrac{\pi}{k^2+2}\right)t^{-\frac{1}{3}}-\dfrac{5}{3t^2}\sin\left(\dfrac{\pi}{(k^2+2)t}\right)-\dfrac{\pi}{k^2+2}\cos\left(\dfrac{\pi t}{k^2+2}\right),t>1.\end{cases}$$

那么，有

$$F(k,t)=\begin{cases}\left(-\dfrac{4}{3}\sin\left(\dfrac{-\pi}{k^2+2}\right)+\dfrac{\pi}{k^2+2}\cos\left(\dfrac{-\pi}{k^2+2}\right)\right)t\\ -\dfrac{1}{3}\sin\left(\dfrac{-\pi}{k^2+2}\right)+\dfrac{\pi}{k^2+2}\cos\left(\dfrac{-\pi}{k^2+2}\right),t<-1,\\ t^{\frac{4}{3}}\sin\left(\dfrac{\pi t}{k^2+2}\right),-1\leqslant t\leqslant 0,\\ -t^{\frac{4}{3}}\sin\left(\dfrac{\pi t}{k^2+2}\right),0<t\leqslant 1,\\ \dfrac{1}{2}\sin\left(\dfrac{\pi}{k^2+2}\right)t^{\frac{2}{3}}-\sin\left(\dfrac{\pi t}{k^2+2}\right)-\dfrac{5}{3}\dfrac{k^2+2}{\pi}\cos\left(\dfrac{\pi}{(k^2+2)t}\right)\\ -\dfrac{1}{2}\sin\left(\dfrac{\pi}{k^2+2}\right)+\dfrac{5}{3}\dfrac{k^2+2}{\pi}\cos\left(\dfrac{\pi}{k^2+2}\right),t>1\end{cases}.$$

容易得到条件 (G_2) 是满足的，取 $c=1$, $\omega=\left\{\frac{3\pi}{k^2+2}\right\}_{k\in\mathbb{Z}}\in l^2$ 和 $\alpha=\frac{1}{3}$，从 f 的定义知，对于 $\forall k\in\mathbb{Z}$ 和 $t\in\mathbb{R}$, 有

$$|f(k,t)|\leqslant\frac{3\pi}{k^2+2}|t|^{\frac{1}{3}},$$

即条件 (G_3) 满足 .

另外，$\max_{|\xi|\leqslant 1}F(k,\xi)=0$, 并且存在充分大的 $d>0$ 使得

$$d^2>\frac{c^2b+1}{2b}=\frac{5}{8}$$

和

$$\sum_{k\in\mathbb{Z}}F(k,\delta_{lk}d)=F(l,d)\to+\infty.$$

条件 (G_4) 和 (G_5) 是满足的 . 因此，定理 6.1.2 的条件全部满足，则当 $\lambda\in\left(\frac{(2+V(l))d^2+8d^4}{2F(l,d)},+\infty\right)$ 时，问题（6-22）至少有三个同宿解 .

参考文献：

[1] 王振国，具有无界势能的 Kirchhoff- 型差分方程多个同宿轨的存在性 [J]. 数学物理学报，2024，44（1）：1-13.

[2]Wu X.Existence of nontrivial solutions and high energy solutions for Schrödinger–Kirchhoff-type equations in $\mathbb{R}^n$ [J].Nonlinear Analysis Real World Applications，2011,12，1278-1287.

[3]Long Y H.Multiple results on nontrivial solutions of discrete Kirchhoff type problems[J].Journal of Applied Mathematics and Computing，2023，69(1)：1-17.

[4]Long Y H，Deng X Q.Existence and multiplicity solutions for discrete Kirchhoff type problems[J].Applied Mathematics Letters，2022,126，107817.

[5]Long Y H.Nontrivial solutions of discrete Kirchhoff type problems via Morse theory[J].Advances in Nonlinear Analysis，2022,11(1)：1352-1364.

[6]Chakrone O，Hssini E M，Rahmani M，Darhouche O.Multiplicity results for

a $p-$ Laplacian discrete problems of Kirchhoff type[J].Applied Mathematics & Computation，2016,276，310-315.

[7]Heidarkhani S，Afrouzi G，Henderson J，et al.Variational approaches to p-Laplacian discreteproblems of Kirchhoff-type[J].Journal of difference equations and applications，2017，23（5）：917-938.

[8]Cabada A，Li C Y，Tersian S.On homoclinic solutions of a semilinear $p-$ Laplacian difference equation with periodic coefficients[J].Advances in Difference Equations，2010，2010，195376.

[9]Iannizzotto A，Tersian S.Multiple homoclinic solutions for the discrete $p-$ Laplacian via critical point theory[J].Journal of Mathematical Analysis & Applications，2013，403（1）：173-182.

[10]Kong L J.Homoclinic solutions for a second order difference equation with $p-$ -Laplacian[J].Applied Mathematics & Computation，2014，247，1113-1121.

[11]Averna D，Bonanno G.A three critical points theorem and its applications to the ordinary Dirichlet problem[J].Topological methods in nonlinear analysis，2003,22(1)：93-103.

6.2　具有共振的薛定谔方程同宿解

6.2.1 预备工作

考虑下面薛定谔方程：

$$-\Delta u_n + v_n u_n - \omega u_n = f_n(u_n), n \in \mathbb{Z} \tag{6-23}$$

为了建立方程（6-23）的变分泛函并利用临界点理论解决问题，我们先给出一些概念和引理 .

首先，引入实序列空间：

$$l^q = \left\{ \boldsymbol{u} = \{u_n\} \,\middle|\, \forall n \in \mathbb{Z}, u_n \in \mathbb{R}, \|\boldsymbol{u}\|_{l^q} = \left(\sum_{n\in\mathbb{Z}} |u_n|^q \right)^{\frac{1}{q}} < +\infty \right\}.$$

满足下面嵌入关系：

$$l^{q_1} \subset l^{q_2}, \| \boldsymbol{u} \|_{l^{q_2}} \leqslant \| \boldsymbol{u} \|_{l^{q_1}}, 1 \leqslant q_1 \leqslant q_2 \leqslant +\infty.$$

假设：

(i) 离散势能 $V = \{v_n\}$ 满足 $\lim\limits_{n \to \pm\infty} v_n = +\infty.$

不失一般性，对任意的 $n \in \mathbb{Z}$, 假设 $v_n \geqslant 1$ 且 (i′) $V^{-1} = \{v_n^{-1}\} \in l^1$.

定义 l^2 空间上的无界线性算子 $H = -\Delta + V$. 令 $E = \mathcal{D}(H^{1/2})$，定义 E 上的内积 $(\boldsymbol{u}, \boldsymbol{v}) = (H^{1/2}\boldsymbol{u}, H^{1/2}\boldsymbol{v})_{l^2}$.

由内积诱导的范数为

$$\| \boldsymbol{v} \|_E = \| H^{1/2}\boldsymbol{v} \|_{l^2},$$

这是一个 Hilbert 空间 .

因为算子 $-\Delta$ 是有界的，E 中下面两个范数是等价的，

$$\| \boldsymbol{u} \|_E \sim \| V^{1/2}\boldsymbol{u} \|_{l^2},$$

其中，

$$V^{\frac{1}{2}}\boldsymbol{u} = \{v_n^{1/2}u_n\}.$$

引理 6.2.1[1]**：**

若 V 满足条件 (i)，那么：

（1）对于 $2 \leqslant p \leqslant +\infty$，从 E 到 l^p 的嵌入是紧的，其中嵌入常数

$$c_p = \max_{\|\boldsymbol{u}\|_{l^p}=1} \frac{1}{\| \boldsymbol{u} \|_E};$$

（2）算子 $\sigma(H)$ 的谱是离散的，并且特征值是有限重数 .

从上述引理 6.2.1 知，我们可以假设特征值满足 $1 \leqslant \lambda_1 < \lambda_2 < \cdots < \lambda_k < \cdots \to +\infty$.

定义 E 上的 C^1 泛函

$$J(\boldsymbol{u}) = \frac{1}{2}(H\boldsymbol{u} - \omega\boldsymbol{u}, \boldsymbol{u}) - \sum_{n=-\infty}^{+\infty} F_n(u_n),$$

这里 $(\cdot,\cdot)$ 是 l^2 的内积，

$$F_n(t)=\int_0^t f_n(s)\mathrm{d}s, n\in\mathbb{Z}.$$

计算导数：

$$\langle J'(\boldsymbol{u}),\boldsymbol{v}\rangle=(H\boldsymbol{u}-\omega\boldsymbol{u},\boldsymbol{v})-\sum_{n=-\infty}^{+\infty}f_n(u_n)v_n, \boldsymbol{u},\boldsymbol{v}\in E.$$

令 X 是一实 Banach 空间，$B_\rho X$ 中以 0 为中心、ρ 为半径的开球，∂B_ρ 表示球面 .

我们给出文献第 2 章中的定理 2.7.3[2].

引理 6.2.2[2]：

设 M，N 是 X 中的闭子空间，并且有

$$X=M\oplus N, M\neq X, N\neq X,$$

其中，$\dim N<+\infty$.

令 $G\in C^1(X,\mathbb{R})$ 满足

$$G(\boldsymbol{v})\leqslant\alpha, \boldsymbol{v}\in N, G(\boldsymbol{w})\geqslant\alpha, \boldsymbol{w}\in\partial B_\rho\cap M$$

和对某个 $\boldsymbol{w}_0\in\partial B_1\cap M$，

$$G(s\boldsymbol{w}_0+\boldsymbol{v})\leqslant m_R, s\geqslant 0, \boldsymbol{v}\in N, \|s\boldsymbol{w}_0+\boldsymbol{v}\|=R>R_0,$$

这里 $0<\rho<R_0$，$\alpha\in\mathbb{R}$.

假设存在某个 $\theta\geqslant 0$，当 $R\to+\infty$ 时，有 $m_R/R^{\theta+1}\to 0$，那么存在一个序列 $\{u^{(j)}\}\subset X$ 使得

$$G(\boldsymbol{u}^{(j)})\to c, \alpha\leqslant c\leqslant\infty, G'(\boldsymbol{u}^{(j)})/(\|\boldsymbol{u}^{(j)}\|+1)^\theta\to 0. \qquad (6\text{-}24)$$

注 6.2.1[2]：

若 m_R 是有界的，则 c 是有限实数 .

6.2.2 主要结论

假设 $f_n(\cdot)$ 是满足下列条件：

(ii) 当 $t\to 0$ 时，$f_n(t)=o(t)$ 在 $\mathbb{Z}$ 上是一致成立的；

(iii) 存在 $p\in(2,+\infty)$，当 $|t|\to+\infty$ 时，$f_n(t)=o(|t|^{p-1})$ 在 $\mathbb{Z}$ 上是一致成立的.

引理 6.2.3：

假设算子 H 和 $f_n(t)$ 满足条件 (i)~(iii)，进一步，假设存在序列 $\{\boldsymbol{u}^{(j)}\}\subset E$ 满足

$$J(\boldsymbol{u}^{(j)})\to c, J'(\boldsymbol{u}^{(j)})/(\|\boldsymbol{u}^{(j)}\|_E+1)^{\theta}\to 0\,, \tag{6-25}$$

其中，$-\infty\leqslant c\leqslant+\infty,-\infty<\theta<+\infty$. 如果 $\|\boldsymbol{u}^{(j)}\|_E$ 是有界的，那么存在一个 $\boldsymbol{u}\in E$ 满足

$$J(\boldsymbol{u})=c,\ J'(\boldsymbol{u})=0. \tag{6-26}$$

证明：

由于 $\|\boldsymbol{u}^{(j)}\|_E$ 是有界的，则存在一个子序列 $\{\boldsymbol{u}^{(j)}\}$ 弱收敛于 $\boldsymbol{u}\in E$. 从引理 6.2.1 知，我们有

$$u^{(j)}\to u\in l^2, j\to\infty$$

和

$$u_n^{(j)}\to u_n,\ j\to\infty,\ n\in\mathbb{Z}.$$

首先，我们验证

$$\sum_{n=-\infty}^{+\infty} f_n(u_n^{(j)})v_n\to\sum_{n=-\infty}^{+\infty} f_n(u_n)v_n, \forall v\in E \tag{6-27}$$

和

$$\sum_{n=-\infty}^{+\infty} f_n(u_n^{(j)})u_n^{(j)}\to\sum_{n=-\infty}^{+\infty} f_n(u_n)u_n. \tag{6-28}$$

从 (iii)，令 $\varepsilon>0$，我们可以取 r 充分小，当 $|t|\geqslant r$ 使得

$$|f_n(t)|\leqslant\varepsilon|t|^{p-1} \tag{6-29}$$

和

$$|f_n(t)-f_n(w_r(t))|\leqslant\varepsilon|t|^{p-1}, \tag{6-30}$$

其中，$w_r(t)$ 被定义为如下连续函数

$$w_r(t)=\begin{cases}-r,t<-r,\\ t,|t|\leqslant r,\\ r,t>r.\end{cases}$$

对任意的 $v\in E$，我们有

$$\sum_{n=-\infty}^{+\infty}\left(f_n(u_n^{(j)})v_n-f_n(u_n)v_n\right)=\sum_{|u_n^{(j)}|>r}\left(f_n(u_n^{(j)})-f_n(w_r(u_n^{(j)}))\right)v_n$$
$$+\sum_{n=-\infty}^{+\infty}\left(f_n(w_r(u_n^{(j)}))-f_n(w_r(u_n))\right)v_n+\sum_{|u_n|>r}\left(f_n(w_r(u_n))-f_n(u_n)\right)v_n.$$

由（6-29）和 $\|\boldsymbol{u}^{(j)}\|_E$ 的有界性，可以估计右边的第一项：

$$\sum_{|u_n^{(j)}|>r}\left|f_n(u_n^{(j)})-f_n(w_r(u_n^{(j)}))\right|\cdot|v_n|\leqslant\varepsilon\sum_{n=-\infty}^{+\infty}|u_n^{(j)}|^{p-1}\cdot|v_n|\leqslant\varepsilon\|\boldsymbol{u}^{(j)}\|_{l^{2p-2}}^{p-1}\|\boldsymbol{v}\|_{l^2}$$
$$\leqslant\varepsilon\|\boldsymbol{u}^{(j)}\|_{l^2}^{p-1}\|\boldsymbol{v}\|_{l^2}\leqslant\varepsilon(c_2)^{p-1}\|\boldsymbol{u}^{(j)}\|_E^{p-1}\|\boldsymbol{v}\|_{l^2}\leqslant\varepsilon C\|\boldsymbol{v}\|_{l^2}.$$

类似，能估算第三项．进一步，对任意的 $n\in\mathbb{Z}$, 我们注意到 $f_n(t)$ 和 $w_r(t)$ 是连续的，我们有

$$f_n(w_r(u_n^{(j)}))v_n\to f_n(w_r(u_n))v_n,\ j\to\infty.$$

由条件 (ii) ~ (iii)，容易看到对任意的 $\varepsilon>0$，存在 $C_\varepsilon>0$ 使得

$$|f_n(t)|\leqslant\varepsilon|t|+C_\varepsilon|t|^{p-1},t\in\mathbb{R},n\in\mathbb{Z}.\tag{6-31}$$

那么，有

$$\left|f_n(w_r(u_n^{(j)}))v_n-f_n(w_r(u_n))v_n\right|\leqslant 2(\varepsilon|r|+C_\varepsilon|r|^{p-1})|v_n|.$$

由控制收敛定理知，$\sum\limits_{n=-\infty}^{+\infty}\left(f_n(w_r(u_n^{(j)}))v_n-f_n(w_r(u_n))v_n\right)\to 0.$

因此，（6-27）成立，接下来，我们证明（6-28）．由于

$$\sum_{n=-\infty}^{+\infty}\left(f_n(u_n^{(j)})u_n^{(j)}-f_n(u_n)u_n\right)$$
$$=\sum_{n=-\infty}^{+\infty}\left(f_n(u_n^{(j)})u_n^{(j)}-f_n(u_n^{(j)})u_n\right)+\sum_{n=-\infty}^{+\infty}\left(f_n(u_n^{(j)})u_n-f_n(u_n)u_n\right).$$

从（6-27）可知，我们只需证明

$$\sum_{n=-\infty}^{+\infty}\left(f_n(u_n^{(j)})u_n^{(j)}-f_n(u_n^{(j)})u_n\right)\to 0.$$

注意到

$$\begin{aligned}&\left|\sum_{n=-\infty}^{+\infty}\left(f_n(u_n^{(j)})u_n^{(j)}-f_n(u_n^{(j)})u_n\right)\right|\\ \leqslant&\left|\sum_{n=-\infty}^{+\infty}\left(f_n(u_n^{(j)})-f_n(u_n)\right)\left(u_n^{(j)}-u_n\right)\right|+\left|\sum_{n=-\infty}^{+\infty}f_n(u_n)\left(u_n^{(j)}-u_n\right)\right|.\end{aligned}$$

我们先证明

$$\left|\sum_{n=-\infty}^{+\infty}\left(f_n(u_n^{(j)})-f_n(u_n)\right)\left(u_n^{(j)}-u_n\right)\right|\to 0.$$

由 Minkowski 不等式知:

$$\begin{aligned}&\left|\sum_{n=-\infty}^{+\infty}(f_n(u_n^{(j)})-f_n(u_n))(u_n^{(j)}-u_n)\right|\leqslant\sum_{n=-\infty}^{+\infty}\left|\left((f_n(u_n^{(j)})-f_n(u_n)\right)(u_n^{(j)}-u_n)\right|\\ \leqslant&\sum_{n=-\infty}^{+\infty}\left[\varepsilon\left(\left|u_n^{(j)}\right|+\left|u_n\right|\right)+C_\varepsilon(|u_n^{(j)}|^{p-1}+|u_n|^{p-1})\right]\left|u_n^{(j)}-u_n\right|\\ \leqslant&\varepsilon(\|\boldsymbol{u}^{(j)}\|_{l^2}+\|\boldsymbol{u}\|_{l^2})\|\boldsymbol{u}^{(j)}-\boldsymbol{u}\|_{l^2}+C_\varepsilon(\|\boldsymbol{u}^{(j)}\|_{l^p}^{p-1}+\|\boldsymbol{u}\|_{l^p}^{p-1})\|\boldsymbol{u}^{(j)}-\boldsymbol{u}\|_{l^p}.\end{aligned}$$

由引理（6.2.1），得

$$\left|\sum_{n=-\infty}^{+\infty}\left(f_n(u_n^{(j)})-f_n(u_n)\right)\left(u_n^{(j)}-u_n\right)\right|\to 0,j\to\infty.$$

与之类似，有

$$\begin{aligned}&\left|\sum_{n=-\infty}^{+\infty}f_n(u_n)\left(u_n^{(j)}-u_n\right)\right|\leqslant\sum_{n=-\infty}^{+\infty}\left[\varepsilon\left|u_n\right|+C_\varepsilon\left|u_n\right|^{p-1}\right]\left|u_n^{(j)}-u_n\right|\\ \leqslant&\varepsilon\left\|\boldsymbol{u}\right\|_{l^2}\left\|\boldsymbol{u}^{(j)}-\boldsymbol{u}\right\|_{l^2}+C_\varepsilon\left\|\boldsymbol{u}\right\|_{l^p}^{p-1}\left\|\boldsymbol{u}^{(j)}-\boldsymbol{u}\right\|_{l^p}\end{aligned}$$

和

$$\left|\sum_{n=-\infty}^{+\infty}f_n(u_n)\left(u_n^{(j)}-u_n\right)\right|\to 0,\ j\to\infty.$$

这就证明了（6-28）是成立的．对任意的 $v\in E$，从（6-25）和（6-27）可得

$$\langle J'(\boldsymbol{u}^{(j)}),\boldsymbol{v}\rangle=(H\boldsymbol{u}^{(j)}-\omega\boldsymbol{u}^{(j)},\boldsymbol{v})-\sum_{n=-\infty}^{+\infty}f_n(u_n^{(j)})v_n\to(H\boldsymbol{u}-\omega\boldsymbol{u},\boldsymbol{v})-\sum_{n=-\infty}^{+\infty}f_n(u_n)v_n$$

$$=\langle J'(\boldsymbol{u}),\boldsymbol{v}\rangle=0.$$

因此，$\boldsymbol{u}$ 是（6-26）中第二个方程的解 .

进一步，由于

$$\langle J'(\boldsymbol{u}^{(j)}),\boldsymbol{u}^{(j)}\rangle=(H\boldsymbol{u}^{(j)}-\omega\boldsymbol{u}^{(j)},\boldsymbol{u}^{(j)})-\sum_{n=-\infty}^{+\infty}f_n(u_n^{(j)})u_n^{(j)}\to 0, \qquad (6\text{-}32)$$

结合（6-28），我们有

$$\|\boldsymbol{u}^{(j)}\|_E^2\to\sum_{n=-\infty}^{+\infty}f_n(u_n)u_n+(\omega\boldsymbol{u},\boldsymbol{u})=\|\boldsymbol{u}\|_E^2 .$$

因此，$\boldsymbol{u}^{(j)}\to\boldsymbol{u}$ 在 E 中是收敛的，则 $J(\boldsymbol{u})=c$.

当 $\lim\limits_{|t|\to\infty}f_n(t)/t=\lambda_k-\omega$，说方程（6-23）在无穷远处是共振的，这里 λ_k 是算子 H 的特征值 .

令

$$g_n(t)=f_n(t)-(\lambda_k-\omega)t ,$$

定义

$$G_n(t)=\int_0^t g_n(s)\mathrm{d}s ,$$

并且假设：

$$\text{(iv)}\ \lim_{|t|\to\infty}f_n(t)/t=\lambda_k-\omega>0$$

在 $\mathbb{Z}$ 上一致成立；

(v) 存在某个 $\delta>0$ 使得

$$\{\sup_{|t|<\delta}|G_n(t)|\}_{n=-\infty}^{+\infty}\in l^1$$

且当 $|t|\geqslant\delta$ 时，

$$G_n(t)\geqslant 0, n\in\mathbb{Z} ,$$

进一步，对所有的 $n\in\mathbb{Z}$ 和 $t\in\mathbb{R}$，我们假设

$$tg_n(t)-2G_n(t)\leqslant 0$$

和

$$\limsup_{|t|\to+\infty}\frac{tg_n(t)-2G_n(t)}{|t|}=d_n<0;$$

$$\text{(vi)}\ \forall n\in\mathbb{Z}\text{，}(\lambda_{k-1}-\omega)t^2\leqslant 2F_n(t)\text{ 和 }t\in\mathbb{R}\ .$$

这里，我们给出一个满足条件 (ii) ~ (vi) 的函数 .

例子 6.2.1：

令

$$\lambda_k-\omega=2\ln 2-\frac{\sqrt{2}}{2}>0\ ,$$

定义

$$f_n(t)=\begin{cases}\left(2\ln 2-\dfrac{\sqrt{2}}{2}\right)t+\dfrac{t}{\sqrt{1+t^2}},t<-1,\\ \dfrac{1}{n^2}\cdot\left(-t\ln(1-t)-3\sqrt{2}\ln 2\dfrac{t^2}{\sqrt{1-t^3}}\right),-1\leqslant t\leqslant 0,\\ \dfrac{1}{n^2}\cdot\left(-t\ln(1+t)+3\sqrt{2}\ln 2\dfrac{t^2}{\sqrt{1+t^3}}\right),0<t\leqslant 1,\\ \left(2\ln 2-\dfrac{\sqrt{2}}{2}\right)t+\dfrac{t}{\sqrt{1+t^2}},t>1.\end{cases}$$

则有

$$F_n(t)=\begin{cases}\left(\ln 2-\dfrac{\sqrt{2}}{4}\right)t^2+\sqrt{1+t^2}+3\ln 2-\dfrac{3\sqrt{2}}{4},t<-1,\\ \dfrac{1}{n^2}\cdot\left(\dfrac{1-t^2}{2}\ln(1-t)+\dfrac{(t+1)^2}{4}+2\sqrt{2}\ln 2\sqrt{1-t^3}\right),-1\leqslant t\leqslant 0,\\ \dfrac{1}{n^2}\cdot\left(\dfrac{1-t^2}{2}\ln(1+t)+\dfrac{(t-1)^2}{4}+2\sqrt{2}\ln 2\sqrt{1+t^3}\right),0<t\leqslant 1,\\ \left(\ln 2-\dfrac{\sqrt{2}}{4}\right)t^2+\sqrt{1+t^2}+3\ln 2-\dfrac{3\sqrt{2}}{4},t>1.\end{cases}$$

设 $E(\lambda_k)$ 是由特征值 λ_k 的所有特征向量生成的特征空间，令 M 是由比 λ_k 大的特征值的特征向量生成的子空间 .

引理 6.2.4：

假设 (i) ~ (iv) 成立，则下面两个至少有一个成立：

(a) 存在一个 $\overline{z} \in E(\lambda_k) \setminus \{0\}$ 使得

$$H\overline{z} - \omega\overline{z} = f(\overline{z}) = (\lambda_k - \omega)\overline{z} ,$$

这里 $f(u)$ 的定义为

$$(f(u))_n = f_n(u_n) .$$

(b) 对于充分小 $\rho > 0$ ，存在一个 $\varepsilon_1 > 0$ 使

$$J(\boldsymbol{u}') \geqslant \varepsilon_1, \| \boldsymbol{u}' \|_E = \rho, \boldsymbol{u}' \in E(\lambda_k) \bigoplus M.$$

证明：

由假设条件 (ii) 和 (iv) 知，有

$$\lim_{|t| \to 0} \frac{g_n(t)}{t} = -(\lambda_k - \omega) < 0. \tag{6-33}$$

因此，存在一个正常数 $\delta > 0$ ，当 $|t| \leqslant \delta$ 时， $G_n(t) \leqslant 0$, 于是有

$$2F_n(t) \leqslant (\lambda_k - \omega) | t |^2, | t | \leqslant \delta. \tag{6-34}$$

设 $\boldsymbol{u}' = \boldsymbol{z} + \boldsymbol{w}$ ， $\boldsymbol{z} \in E(\lambda_k)$ 和 $\boldsymbol{w} \in M$. 则

$$\lambda_{k+1} \| \boldsymbol{w} \|_{l^2}^2 \leqslant \| \boldsymbol{w} \|_E^2, \boldsymbol{w} \in M. \tag{6-35}$$

当 $\boldsymbol{z} \in E(\lambda_k)$ 时，我们找到一个非常小的 $\rho > 0$ 使

$$\| \boldsymbol{z} \|_E \leqslant \rho \Rightarrow | z_n | \leqslant \frac{\delta}{2}, n \in \mathbb{Z}.$$

对某些 $n \in \mathbb{Z}$ ，我们假设 $\boldsymbol{u}' \in E(\lambda_k) \bigoplus M$ 满足

$$\| \boldsymbol{u}' \|_E \leqslant \rho \text{和} | \boldsymbol{u}'_n | \geqslant \delta. \tag{6-36}$$

对于这些满足（6-36）的 $n \in \mathbb{Z}$ ，就有

$$\delta \leqslant |u'_n| \leqslant |z_n| + |w_n| \leqslant \frac{\delta}{2} + |w_n|.$$

因此，

$$|z_n| \leqslant \frac{\delta}{2} \leqslant |w_n|, |u'_n| \leqslant 2|w_n|.$$

由（6-34）、（6-35）和（6-31）知，当 $\varepsilon = \frac{\lambda_{k+1} - \lambda_k}{16} > 0$ 时，对每一个 $\boldsymbol{u}' \in E(\lambda_k) \bigoplus M$，有

$$\begin{aligned}
J(\boldsymbol{u}') &= \frac{1}{2}(H\boldsymbol{u}' - \omega \boldsymbol{u}', \boldsymbol{u}') - \sum_{n=-\infty}^{+\infty} F_n(u'_n) \\
&\geqslant \frac{1}{2}\|\boldsymbol{u}'\|_E^2 - \frac{\omega}{2}\|\boldsymbol{u}'\|_{l^2}^2 - \frac{\lambda_k - \omega}{2}\sum_{|u'_n| \leqslant \delta}|u'_n|^2 - \frac{\lambda_{k+1} - \lambda_k}{16}\sum_{|u'_n| > \delta}|u'_n|^2 - C_{(\lambda_{k+1} - \lambda_k)/16}\sum_{|u'_n| > \delta}|u'_n|^p \\
&\geqslant \frac{1}{2}\|\boldsymbol{u}'\|_E^2 - \frac{\omega}{2}\|\boldsymbol{u}'\|_{l^2}^2 - \frac{\lambda_k - \omega}{2}\|\boldsymbol{u}'\|_{l^2}^2 - \frac{\lambda_{k+1} - \lambda_k}{16}\sum_{|u'_n| > \delta}|u'_n|^2 - C_{(\lambda_{k+1} - \lambda_k)/16}\sum_{|u'_n| > \delta}|u'_n|^p \\
&\geqslant \frac{1}{2}\|\boldsymbol{w}\|_E^2 - \frac{\lambda_k}{2}\|\boldsymbol{w}\|_{l^2}^2 - \frac{\lambda_{k+1} - \lambda_k}{4}\sum_{2|w_n| > \delta}|w_n|^2 - 2^p C_{(\lambda_{k+1} - \lambda_k)/16}\sum_{2|w_n| > \delta}|w_n|^p \\
&\geqslant \frac{1}{2}\|\boldsymbol{w}\|_E^2 - \frac{\lambda_k}{2}\|\boldsymbol{w}\|_{l^2}^2 - \frac{\lambda_{k+1} - \lambda_k}{4}\|\boldsymbol{w}\|_{l^2}^2 - 2^p C_{(\lambda_{k+1} - \lambda_k)/16}\sum_{2|w_n| > \delta}|w_n|^p \\
&\geqslant \frac{1}{4}\left(1 - \frac{\lambda_k}{\lambda_{k+1}}\right)\|\boldsymbol{w}\|_E^2 - 2^p C_{(\lambda_{k+1} - \lambda_k)/16}\sum_{2|w_n| > \delta}|w_n|^p.
\end{aligned}$$

由嵌入关系

$$2^p C_{(\lambda_{k+1} - \lambda_k)/16}\sum_{2|w_n| > \delta}|w_n|^p = o(\|\boldsymbol{w}\|_E^2), \|\boldsymbol{w}\|_E \to 0,$$

可知：

$$J(\boldsymbol{u}') \geqslant \frac{1}{4}\left(1 - \frac{\lambda_k}{\lambda_{k+1}} - \frac{o(\|\boldsymbol{w}\|_E^2)}{\|\boldsymbol{w}\|_E^2}\right)\|\boldsymbol{w}\|_E^2, \|\boldsymbol{u}'\|_E \leqslant \rho. \tag{6-37}$$

若(b)是不成立的，那么存在一个序列 $\{\boldsymbol{u}^{(j)}\} \subset E(\lambda_k) \bigoplus M$ 使得

$$J(\boldsymbol{u}^{(j)}) \to 0, \|\boldsymbol{u}^{(j)}\|_E = \rho, j \to \infty.$$

如果 ρ 足够小，则（6-37）暗示 $\|\boldsymbol{w}^{(j)}\|_E \to 0$. 结果，$\|\boldsymbol{z}^{(j)}\|_E \to \rho$. 我们注意到 $E(\lambda_k)$ 是有限维的，则一定可以取一个子列 $\{\boldsymbol{z}^{(j)}\}$ 使得 $\boldsymbol{z}^{(j)} \to \bar{\boldsymbol{z}} \in E(\lambda_k)$ 且

$$J(\bar{z})=0,\|\bar{z}\|_E=\rho,|\bar{z}_n|\leqslant\frac{\delta}{2},n\in\mathbb{Z}. \tag{6-38}$$

进一步，从（6-34），我们有

$$2F_n(\bar{z}_n)\leqslant(\lambda_k-\omega)|\bar{z}_n|^2,|\bar{z}_n|\leqslant\delta,\ n\in\mathbb{Z}. \tag{6-39}$$

由 J 的定义和（6-38），知

$$2J(\bar{z})=\sum_{n=-\infty}^{+\infty}\left((\lambda_k-\omega)|\bar{z}_n|^2-2F_n(\bar{z}_n)\right)=0.$$

从（6-39）可知，

$$2F_n(\bar{z}_n)=(\lambda_k-\omega)|\bar{z}_n|^2,n\in\mathbb{Z}.$$

取任一 $v\in E$，当 $t>0$ 充分小时，我们有

$$(\lambda_k-\omega)(|\bar{z}_n+tv_n|^2-|\bar{z}_n|^2)-(2F_n(\bar{z}_n+tv_n)-2F_n(\bar{z}_n))\geqslant 0.$$

两边取极限：

$$\sum_{n=-\infty}^{+\infty}\lim_{t\to 0}\frac{\frac{(\lambda_k-\omega)}{2}(|\bar{z}_n+tv_n|^2-|\bar{z}_n|^2)-(F_n(\bar{z}_n+tv_n)-F_n(\bar{z}_n))}{t}$$
$$=\left((\lambda_k-\omega)\bar{z}-f(\bar{z}),v\right)\geqslant 0,$$

即 $(\lambda_k-\omega)\bar{\boldsymbol{z}}=f(\bar{\boldsymbol{z}})$.

现在给出我们的主要结果 .

定理 6.2.1：

假设 (i) ~ (vi) 和 (i′) 是成立的，则方程（6-23）至少有一个非平凡解 $u_0\in E$.

证明：

我们将使用引理 6.2.2，引理 6.2.3 和引理 6.2.4 去证明我们的结论 .

令 N 是 $E(\lambda_k)\bigoplus M$ 的补集，则 $E=N\bigoplus E(\lambda_k)\bigoplus M$. 使用 (vi)，我们有

$$J(\boldsymbol{v})=\frac{1}{2}(H\boldsymbol{v}-\omega\boldsymbol{v},\boldsymbol{v})-\sum_{n=-\infty}^{+\infty}F_n(v_n)\leqslant\frac{1}{2}\|\boldsymbol{v}\|_E^2-\frac{\lambda_{k-1}}{2}\|\boldsymbol{v}\|_{l^2}^2\leqslant 0,\boldsymbol{v}\in N.$$

另一方面，对 $\forall\boldsymbol{u}'\in E(\lambda_k)\bigoplus M$，如果引理 6.2.4 中的 (a) 成立，那么（6-23）有至少一个非平凡解 $\boldsymbol{u}_0=\bar{\boldsymbol{z}}\in E(\lambda_k)$. 否则，对充分小的 ρ，存在某个 $\varepsilon_1>0$ 使得

$$J(\boldsymbol{u}')\geqslant\varepsilon_1,\|\boldsymbol{u}'\|_E=\rho,\boldsymbol{u}'\in E(\lambda_k)\bigoplus M.$$

令 $\boldsymbol{e}^k$ 是 λ_k 对应的一个特征向量且 $\boldsymbol{e}^k\in\partial B_1\bigcap(E(\lambda_k)\bigoplus M)$. 对任意的 $\boldsymbol{v}\in N$ 和 $s>0$ ，设 $\boldsymbol{v}'=s\boldsymbol{e}^k+\boldsymbol{v}$ 且满足 $\|\boldsymbol{v}'\|_E=\|s\boldsymbol{e}^k+\boldsymbol{v}\|_E=R>R_0>\rho$. 我们有

$$\begin{aligned}J(\boldsymbol{v}')&=\frac{1}{2}\|\boldsymbol{v}'\|_E^2-\frac{\lambda_k}{2}\|\boldsymbol{v}'\|_{l^2}^2-\sum_{n=-\infty}^{+\infty}G_n(v_n')\\&=\frac{1}{2}\|\boldsymbol{v}\|_E^2-\frac{\lambda_k}{2}\|\boldsymbol{v}\|_{l^2}^2-\sum_{n=-\infty}^{+\infty}G_n(v_n')\leqslant-\sum_{n=-\infty}^{+\infty}G_n(v_n').\end{aligned}$$

从 (v) 可知，存在 $\boldsymbol{\phi}\in l^1$ ，当 $n\in\mathbb{Z}$ 和 $|t|<\delta$时，有 $|G_n(t)|\leqslant\phi_n$ ，则有如下估计：

$$J(\boldsymbol{v}')\leqslant-\sum_{n=-\infty}^{+\infty}G_n(v_n')\leqslant\sum_{|v_n'|<\delta}|G_n(v_n')|-\sum_{|v_n'|\geqslant\delta}G_n(v_n')=\|\boldsymbol{\phi}\|_{l^1}.$$

再令 $m_R=\|\boldsymbol{\phi}\|_{l^1}$ ，显然，有 $m_R/R\to0(R\to\infty)$. 于是从引理 6.2.2 和注 6.2.1 知，一定存在一个实序列 $\{\boldsymbol{u}^{(j)}\}\subset E$ 满足

$$J(\boldsymbol{u}^{(j)})\to c,\varepsilon_1\leqslant c<\infty,J'(\boldsymbol{u}^{(j)})\to0.\qquad（6\text{-}40）$$

接下来，我们证明序列 $\{\boldsymbol{u}^{(j)}\}$ 是有界的 . 若序列 $\{\boldsymbol{u}^{(j)}\}$ 是无界的，则存在某个子列 $\rho_j=\|\boldsymbol{u}^{(j)}\|_E\to\infty$ ， $j\to\infty$. 令 $\tilde{\boldsymbol{u}}^{(j)}=\dfrac{\boldsymbol{u}^{(j)}}{\rho_j}$ ， 那么 $\|\tilde{\boldsymbol{u}}^{(j)}\|_E=1$. 于是可以找到一个子列 $\left\{\tilde{\boldsymbol{u}}^{(j)}\right\}$ 在 E 中弱收敛于 $\tilde{u}$ ，在 l^2 中强收敛且对 $\forall n\in\mathbb{Z}$ ，当 $j\to\infty$ 时，$\tilde{u}_n^{(j)}\to\tilde{u}_n$ ，结合（6-40），我们得到

$$\langle J'(\boldsymbol{u}^{(j)}),\boldsymbol{u}^{(j)}\rangle=\|\boldsymbol{u}^{(j)}\|_E^2-\lambda_k\|\boldsymbol{u}^{(j)}\|_{l^2}^2-\sum_{n=-\infty}^{+\infty}g_n(u_n^{(j)})u_n^{(j)}=o(\rho_j).\qquad（6\text{-}41）$$

并且 j 充分大时，有

$$\begin{aligned}&2\varepsilon_1\leqslant2J(\boldsymbol{u}^{(j)})\\&=\|\boldsymbol{u}^{(j)}\|_E^2-\lambda_k\|\boldsymbol{u}^{(j)}\|_{l^2}^2-\sum_{n=-\infty}^{+\infty}2G_n(u_n^{(j)})\\&=\sum_{n=-\infty}^{+\infty}\left(g_n(u_n^{(j)})u_n^{(j)}-2G_n(u_n^{(j)})\right)+o(\rho_j).\end{aligned}\qquad（6\text{-}42）$$

另外，如果 $\rho_j = \| \boldsymbol{u}^{(j)} \|_E \to \infty$，则一定存在某个 $n_0 \in \mathbb{Z}$ 使得

$$|u_{n_0}^{(j)}| \to \infty, j \to \infty, |\tilde{u}_{n_0}| \neq 0. \tag{6-43}$$

事实上，如果 $\rho_j = \| \boldsymbol{u}^{(j)} \|_E \to \infty$，则存在两个正常数 $\bar{M}$ 和 T，当 $j > T$ 时，

$$\| \boldsymbol{u}^{(j)} \|_E > \bar{M}.$$

令

$$A_j = \{ n \in \mathbb{Z} \,|\, |u_n^{(j)}| > \bar{M} \},$$

其中 $j > T$. 我们引入集合

$$A = \{ m \,|\, m \in \bigcap_{i=1}^{+\infty} A_{j_i} \},$$

这里 $\{j_i\}$ 是 $\{j > T\}$ 的任一子列，并且 $i \in \mathbb{N}$. 如果 A 是一个空集，那么我们能选取 $\{\boldsymbol{u}^{(j)}\}$ 的一个子列，仍记为 $\{\boldsymbol{u}^{(j)}\}$，对 $n \in \mathbb{Z}$，当 j 充分大时，有

$$|u_n^{(j)}| \leqslant \bar{M},$$

则有 $\tilde{u}_n^{(j)} \to \tilde{u}_n = 0$，$j \to \infty$，和 $\tilde{u}^{(j)} \to \tilde{u} = 0 \in l^2$，从 (iv) 和 (v) 知，

$$\frac{|G_n(t)|}{t^2} \leqslant M_1, \forall n \in \mathbb{Z}, t \in \mathbb{R}.$$

结合（6-40）有

$$\frac{2J(u^{(j)})}{\rho_j^2} = 1 - \lambda_k \| \tilde{\boldsymbol{u}}^{(j)} \|_{l^2}^2 - 2\sum_{n=-\infty}^{+\infty} \frac{G_n(\tilde{u}_n^{(j)} \rho_j)}{(\tilde{u}_n^{(j)} \rho_j^2)^2} (\tilde{u}_n^{(j)})^2 \geqslant 1 - \lambda_k \| \tilde{\boldsymbol{u}}^{(j)} \|_{l^2}^2 - 2M_1 \| \tilde{\boldsymbol{u}}^{(j)} \|_{l^2}^2 .$$

取 $j \to \infty$，得到 $0 \geqslant 1$，这是矛盾的 . 因此 A 不是空集，于是存在一些 $m \in A$，当 $j \to \infty$ 时，$|u_m^{(j)}| \to \infty$，若 $|\tilde{u}_m^{(j)}| \to \infty$，$j \to \infty$，这种情形下，$\| \tilde{\boldsymbol{u}}^{(j)} \|_E \to \infty$. 这是不可能的 . 因此，$|\tilde{u}_m^{(j)}|$ 是个有限数 .

由（6-44)，我们注意到 $\tilde{u} \neq 0$，如果我们假设当 $m \in A$ 时，

$$\tilde{u}_m^{(j)} = \frac{u_m^{(j)}}{\rho_j} \to \tilde{u}_m = 0 .$$

这时，当 $j\to\infty$ 时，对 $\forall n\in\mathbb{Z}$，$\tilde{u}_n^{(j)}\to\tilde{u}_n=0$，这与 $\tilde{u}\neq 0$ 矛盾．因此存在 $n_0\in A$ 使得（6-43）成立．

再由（6-42）、（6-43）和（v），我们看到

$$
\begin{aligned}
0=\lim_{j\to\infty}\frac{2\varepsilon_1}{\rho_j}&\leqslant\limsup_{j\to\infty}\frac{g_{n_0}(u_{n_0}^{(j)})u_{n_0}^{(j)}-2G_{n_0}(u_{n_0}^{(j)})}{\rho_j}\\
&=\limsup_{j\to\infty}\frac{g_{n_0}(\tilde{u}_{n_0}^{(j)}\rho_j)\tilde{u}_{n_0}^{(j)}\rho_j-2G_{n_0}(\tilde{u}_{n_0}^{(j)}\rho_j)}{|\tilde{u}_{n_0}^{(j)}\rho_j|}\cdot|\tilde{u}_{n_0}^{(j)}|\\
&=d_{n_0}|\tilde{u}_{n_0}|<0.
\end{aligned}
$$

推出矛盾，于是序列 $\{\boldsymbol{u}^{(j)}\}$ 是有界的．从（6-40）和引理 6.2.3，问题（6-23）至少有一个非平凡解 $\boldsymbol{u}\in E$．

参考文献：

[1]Wang Z G，Li Q Y .Standing waves solutions for the discrete Schrödinger equations with resonance[J].Bulletin of the Malaysian Mathematical Sciences Society，2023，46（02）：171.

[2]Zhang G，Pankov A.Standing waves of the discrete nonlinear Schrödinger equations with growing potentials[J].Communications in Mathematical Analysis，2008，5（2）：38-49.

[3]Schechter M.Linking methods in critical point theory[M].Basel：Birkhäuser，1999.